HISTORY OF

ALL ABOUT
HISTORY

萤火虫
REFLY

ALCHEMY

古代炼金术

[英]阿普里尔·马登 编著
谭皓 李东航 译

中国画报出版社·北京

图书在版编目（CIP）数据

古代炼金术 / (英) 阿普里尔·马登编著；谭 皓，
李东航译. -- 北京：中国画报出版社，2023.4
　　（萤火虫书系）
　　书名原文：History of Alchemy
　　ISBN 978-7-5146-2186-0

　　Ⅰ. ①古… Ⅱ. ①阿… ②谭… ③李… Ⅲ. ①炼金—
冶金史—世界 Ⅳ. ①TF831-091

　　中国国家版本馆CIP数据核字(2023)第028066号

FUTURE

北京市版权局著作权合同登记号：01-2022-6641

古代炼金术

【英】阿普里尔·马登　编著

谭 皓 李东航 译

出 版 人：方允仲
审　　校：崔学森
责任编辑：李 媛
内文排版：郭廷欢
责任印制：焦 洋

出版发行：中国画报出版社
地　　址：中国北京市海淀区车公庄西路33号　邮　编：100048
发 行 部：010-88417360　010-68414683（传真）
总编室兼传真：010-88417359　版权部：010-88417359

开　　本：16开（787mm×1092mm）
印　　张：13.5
字　　数：280千字
版　　次：2023年4月第1版　2023年4月第1次印刷
印　　刷：北京汇瑞嘉合文化发展有限公司
书　　号：ISBN 978-7-5146-2186-0
定　　价：78.00元

欢迎来到 炼金术的世界

炼金术虽然已成如烟往事，但对现代世界影响巨大。简而言之，一方面，自3世纪以来炼金术所倡导的精神理论一直被各大宗教奉为圭臬，最终掀起人类研究深奥知识的科学革命。另一方面，炼金术士在炼金实践中发明的仪器设备和实验方法也为现代科学的发展奠定了基础。尽管科学界不愿承认，炼金术思想确实直接或间接地启发了近现代科学家，推动其在化学、物理学、医学、药学、电磁学乃至原子理论、量子力学方面取得重大突破。不仅如此，现代学者在解读炼金术著作中神秘晦涩的语言后，发现它并非18世纪中期以来人们口中的怪力乱神或荒唐骗局，而是一张融合了各种科学与文化的知识巨网。

本书将带您领略世界各地的炼金术传统，从古印度和中国的炼金术，到受其影响在埃及亚历山大时期崛起的西方炼金术，再到汲取前人成果诞生的阿拉伯炼金术及不同文明间深入交流的盛况，以及随后欧洲借助阿拉伯译本再度发现炼金术的历程。您将见证来自不同文明的人类先哲从疯狂寻觅炼成黄金和长生不老的古老秘方，到追求精神和内在的变化的重大转向；见证炼金术这门古老秘术成就今日科学，实现真实的"点石成金""羽化飞翔"！

此外，您还将一睹历史上最伟大的传奇炼金术士的风采。他们中有神秘的古代炼金术创始人赫尔墨斯·特里斯墨吉斯忒斯（Hermes Trismegistus）、西方第一位炼金术士帕诺波利斯的佐西莫斯（Zosimos of Panopolis）、汉宣帝的炼金方士刘向、化学之父贾比尔·伊本·海扬（Jābir ibn Hayyān）、托马斯·阿奎那（Thomas Aquinas）的老师大阿尔伯特（Albertus Magnus）、魔法师和"奇异博士"罗杰·培根（Roger Bacon）、最后一位魔法师艾萨克·牛顿（Isaac Newton）、被称为医学界马丁·路德的帕拉采尔苏斯（Paracelsus）、泄露天机的玛丽·安妮·阿特伍德（Mary Anne Atwood），等等。斯人虽逝，影响无疆……

目 录

Arsenic Bismuth Platinum Copper Cobalt
Gold Hydrogen Iron Mercury Nitrogen Lead
Magnesium Oxygen Phosphorus Carbon Silver Potassium
Sodium Sulfur Amalgam Aqua fortis Cinnabar
Aqua regia Brimstone Tin Glass Essential oil
Aluminium Oil Caput mortuum Antimony

AER
Mobilis.Acu-
tus.Crassus
bilis

PARACELSUS

炼金术士的秘密

炼金术士曾苦苦寻觅炼成黄金和长生不老的古老秘方。
他们虽未成功，但为现代科学的发展奠定了基础

埃里希·B. 安德森（Erich B Anderson）

1666年，著名的英国数学家、天文学家和自然哲学家艾萨克·牛顿爵士通过一次光射入三棱镜的实验，发现了光和颜色之间的巨大奥秘——白光是由多种颜色的光谱组成。他对光十分着迷，认为光与他坚持的"活动本原"（"the vegetable spirit"）概念有着密切的关系，早期现代科学家对这个概念都不陌生。

牛顿始终对自然的绚丽与复杂心生敬畏。经过不断研究，他得出结论：自然界中存在着各种各样的生命和诸如生长与衰老的变化过程，这就意味着一定有一种驱动力推动这一切发生。他认为这个驱动力就是类似活力源的"活动本原"，并且这种力量可能与光的力量有关。

对于那些只熟悉牛顿在数学和物理方面发现的人来说，"活动本原"的想法可能有些诡异，甚至是伪科学的。然而，牛顿的这一想法却与其他几位著名科学家一样，和一个研究主题紧密相连。尽管这一研究主题并不十分出名，但牛顿为此花费了大量时间。它就是炼金术。关于炼金术，牛顿一生撰写了大约一百万字，足见对此十

▲ 在这幅12世纪巴格达抄本中，一位圣人手持记录炼金术的石板

炼金术的起源可以追溯至距牛顿出生两千年前的古埃及和古希腊。

分投入。通过对炼金术的研究，牛顿希望揭开"活动本原"或生命本原的奥秘。

炼金术是一门古老的艺术，对17世纪的牛顿而言，已有数百种著作可供参考。不过，牛顿并非首个希望通过炼金术实现梦想者。事实上，在众多希望通过炼金术发现宇宙奥秘的魔法师中，牛顿可谓最后一位。

古代及中世纪炼金术士的主要追求是找到炼成黄金和长生不老药的古老秘方。不幸的是，炼金术自出现以来尤其是在中世纪，一直笼罩在神秘之中。炼金术士一再辩解称：之所以保持炼金术的神秘性，是为不让心怀不轨之人获得这渊博的知识，以防其谋取不义之财。（不过，今人可能会怀疑其保密的真正原因，即掩盖从来都不曾实现的真相。）

炼金术的起源可以追溯至距牛顿出生两千年前的古埃及和古希腊。事实上，"炼金术"一词可能源于古希腊语中对埃及的称呼"Khem"（意为"黑土"）。尽管炼金术传统中普遍认为其创始人是赫尔墨斯·特里斯墨吉斯忒斯，但很难将炼金术的起源归于一人身

▲ 一位女化学家在用坩埚做实验

▲ 一张法国的集换式卡片（trading card），主人公是贾比尔

上。最早的炼金术士更有可能是古埃及的金属工匠，因为他们会加工多种金属，其中黄金价值最高，因而最令人倾心。此外，染工和制药商也与炼金术的诞生有所关联。

随着时间的推移，才华横溢的工匠们通过加工金、银和其他金属不断积累经验，研发出令人惊叹的合金。最终，各式并非黄金的合金以"黄金"之名流入市场，这些以假乱真的赝品引发严重的经济后果。在罗马人统治埃及之际，伪黄金已经成为困扰帝国的难题，罗马皇帝戴克里先（Diocletian，284—305年在位）为此不得不下令销毁所有记录伪黄金或其他金属制品制作方法的著作。

古希腊哲学家在炼金术早期发展中也发挥了重要作用。不过，他们通常思考多于行动，主要贡献在于对有关物质本质理论的建构。已知最早

▲ 图中的炼金术士在炼制哲人石

▲ 如何实现将贱金属转化成贵金属和找到长生不老药是炼金术的两大主题

的炼金术文献以希腊文撰写在莎草纸上，记载了冶炼类金属（gold-like metals）和合金的过程和配方。

公元前4世纪亚里士多德的教诲对炼金术思想以及其他希腊学者都产生了深远的影响。然而，直到公元300年帕诺波利斯的佐西莫斯出现后，大量不同于早期莎草纸文献的炼金术著作才涌现于世。在佐西莫斯的著作中，炼金术的方法变得含蓄、模糊，例如他开始使用谜语及意义含糊的短语。佐西莫斯可能是最早借助神秘的描述和象征的手法隐藏自己想法的炼金术士之一，同时也为后世炼金术开创这一核心传统。

传奇炼金术士

截至文艺复兴期间的主要炼金术士

▲ 托马斯·诺顿、阿博特·克里默（Abbot Cremer）和巴兹尔·瓦伦丁（Basil Valentine）

▲ 15世纪赫尔墨斯·特里斯墨吉斯忒斯画像

▲ 正在宣传其科学理论的大阿尔伯特

▲ 18世纪罗杰·培根肖像

托马斯·诺顿

托马斯·诺顿（1433—1513），师从英国著名炼金术士乔治·里普利（George Ripley）。据说他曾两次成功研制出长生不老药，但皆被偷走。不过，他之所以成为最为人所知的炼金术士之一，是因为著有《炼金术序曲》（*Ordinal of Alchemy*）一书。

赫尔墨斯·特里斯墨吉斯忒斯

赫尔墨斯·特里斯墨吉斯忒斯被奉为古代炼金术的创始人。虽然他很有可能只是虚无缥缈的神话人物，但许多人仍认为他与摩西同代。还有人将他的祖先追溯至希腊神赫尔墨斯。据说14世纪初出版的大阿尔伯特所著《论矿物》（*De Mineralibus*）是西方第一份提及赫尔墨斯·特里斯墨吉斯忒斯的文献。

大阿尔伯特

多明我会士大阿尔伯特出生于13世纪初，作为同时代自然科学领域最杰出的学者之一，他被天主教会授予"全能博士"的称号。他也是公认的神学家、发明家、占星家和魔法师，并被后世炼金术士奉为中世纪初期炼金术界的首席专家。除了炼金术，他还作为托马斯·阿奎那的老师而名垂青史。

罗杰·培根

方济各会修士罗杰·培根（1220—1292）与大阿尔伯特同代，是第一位研究和实践炼金术的英国人。他不仅是著名的魔法师和"奇异博士"，也是实验科学的主要推动者，力图改进当时的科学研究方法。他的著作是指引炼金术士寻找哲人石的首批书籍。

▲ 黑乌鸦是炼金术中一个特殊过程的象征

继西罗马帝国于5世纪灭亡后，阿拉伯文明成为世界主要文明之一。在这个阿拉伯黄金时代，阿拉伯学者努力翻译古希腊罗马的早期著作，尽可能地吸收理解其中的古老知识。尤其是在阿拉伯人征服埃及后，他们发现了大量有关炼金术的文献，并将其融合到早期阿拉伯学者的著作中。人们通常认为"炼金术"（alchemy）一词实际上是在这一时期产生的，因为它结合了单词"Khem"与阿拉伯语的定冠词"al-"，类似的合成词还有酒精"alcohol"和代数"algebra"。此外，与炼金同等重要的长生不老药"elixir"，也源于阿拉伯语的"al-iksir"一词。

被欧洲人称为"盖伯"（Geber）的贾比尔·伊本·海扬，是8世纪60年代阿拉伯最著名的炼金术士。他依据亚里士多德的著作，提出

这些是在纯
粹状态下具有神奇
魔力的特殊物质。

▲ 一位炼金术大师手托赫尔墨斯的花瓶，黑色带子上写着"让我们来发现四大元素的本质"

▲ 炼金术士试图通过实验认识自然

> 确实有人因从事炼金或名声大噪，或声名狼藉，总之获得了名声。

了金属是由汞和硫合成的理论，这成为炼金术的基础理论之一。继贾比尔之后，医生兼哲学家阿布·贝克尔·穆罕默德·伊本·扎卡里亚·拉齐【Abu Bakr Muhammad ibn Zakariyya Al-Razi，又名拉齐斯（Rasis）】，以及阿布·阿里·伊本·西拿【Abu Ali ibn Sina，又名阿维森纳（Avicenna）】在9世纪和10世纪相继研究炼金术。在他们及其他阿拉伯学者的著作传到拉丁文化盛行的西方后，整个中世纪的欧洲对炼金术重新燃起兴趣。来自施瓦本的多明我会士大阿尔伯特是13世纪将炼金术重新引入欧洲的主要学者。大阿尔伯特支

持贾比尔的汞硫理论，相信物质转化（一种物质转化为另一种物质）的可能性，但他也承认这确实很难做到。大阿尔伯特在1244—1245年收托马斯·阿奎那为徒，并把毕生所学传授给他，其中就包括炼金术知识。罗杰·培根也是13世纪著名的炼金术士，他对两种不同的炼金术都有贡献：实验炼金术和理论炼金术。培根极力推崇第一种类型，因为他相信若一切操作得当，这些工艺便可提高金属性能，使其远远优于自然状态。

大阿尔伯特、培根以及其他同时代著名的炼金术士都认为：物质之间尤其是金属之间是可以相互转化的。然而，没人知晓如何才能实现。正是在这一时期，"哲人石"（Philosopher's Stone，亦称"贤者之石""点金石"）一词开始频繁出

设备与手段

对于那些热衷实验的炼金术士而言，品类繁多的设备与方法多样的手段是必不可少的

所有的炼金术士都会频繁利用坩埚加热金属及其他物质，当然也会尝试其他一切可能的手段，其中一些在今天看来荒诞至极。这主要归咎于他们不了解金属真正的性质。比如，贾比尔认为一种物质加入另一种纯净完美的物质后，便可达到完美的状态。炼金术士基本认为基于这种方法可在黄金中加入贱金属进行发酵，从而获得更多的黄金。其他常用的炼金手段还有粉碎、固化、蒸馏、升华、灰化和煅烧。炉火主要用于煅烧等手段，以便将固体物质分解成粉末，但并非每次都会用到。炼金术士会在实验中对许多不同的液体进行蒸馏，比如醋、蛋黄，甚至是马粪。他们也常用酸来溶解银和水银等原材料。一些炼金术士还会将原材料拿出实验室，在太阳下长时间暴晒。然而，炼金术士偶尔也会承认他们的成果十分有限。

现在炼金术著作中。炼金术士开始将原本可以却未能发生的物质转化归咎于缺少了某种重要的原料，这便是哲人石。随着这一观点越发流行，炼金术著作越发频繁使用谜语、象征和暗语，读起来更加晦涩难懂。

关于哲人石，存在太多不同理论的记述，以至于基本无人知晓其究竟为何物，或有何种功效。一些炼金术士认为哲人石是在较为常见的古老炼金原料汞、硫的基础上加入盐，但仅有这些还不够，尚需一些在纯粹状态下具有神奇魔力的特殊物质，通常视之为汞、硫、盐的"精华"。

此外，还有炼金术士认为哲人石就是黄金的种子，可以从金属中获取。这一观点与牛顿的"活动本原"概念相似，可见在中世纪的人看来金属与植物都产于地下，因而性质相近。换言之，金属也有种子，其中最贵重者当数黄金的种子。

尽管炼金术越发神秘，但这仍无法阻挡成千上万的炼金术士的脚步。他们虽然背景不同，但怀有共同的信念：不顾一切地寻找和研制用于炼制哲人石所需的任何材料。由于炼金术与黄金和长生不老药相关，人们从事炼金的初衷也不尽相

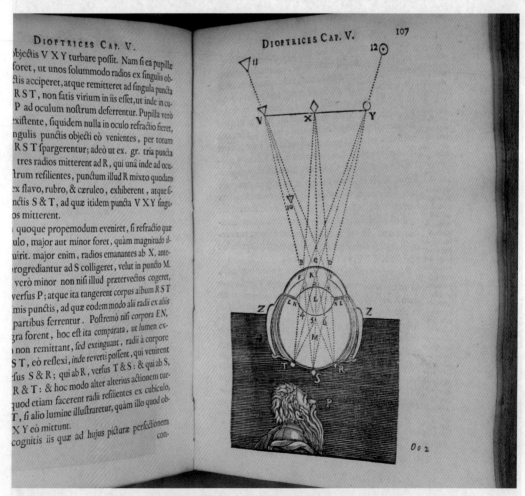

▲ 这一页出自笛卡尔（Descartes）17世纪的著作。炼金术极大地推动了早期科学的发展

▲ "化圆为方"是炼制哲人石的象征

同：有人为了发家致富，有人为了一举成名，还有人为了长生不老，但也有怀揣更加宏伟抱负者，期冀通过将炼成的黄金大量投放市场，引发原有经济体系的瓦解，最终为世界带来翻天覆地的变革。事实上，确实有人因从事炼金或名声大噪，或声名狼藉，总之获得了名声，但其他心愿则全部落空。不过，这些失败无法阻挡炼金术士的脚步，尤其是当时一些炼金术士的所谓成功案例已成家喻户晓的传奇，遮盖了其余同行不计其数的失败事实，而后者的故事也随时间推移消逝在历史长河中。

那些仍然执着于炼金术的人们或尝试破解文献中的信息，或独自在实验室里进行实验。加热金属和其他物质是炼金术的基本操作，熔炉便成为实验室的核心。除了熔炉，实验室还配备了许多不同类型的仪器、工具和其他设备，如坩埚、烧杯、烧瓶、管型瓶、罐子、杵和臼、勺子、滤网和过滤器等。为了实现那根本无法达到的目标，炼金术士们不断努力改进各种实验仪器。几个世纪后，这些炼金设备仪器出现在第一批化学家的实验室中，在实验中发挥了举足轻重的作用。一言以蔽之，许多科学仪器都是由当年的炼金术士发明的。

在文艺复兴时期，炼金术仍十分受人追捧，炼金算得上是一份体面的工作，许多重要人物都参与其中。如13世纪的威兰诺瓦的阿那德（Arnald of Villanova）以及雷蒙·卢尔（Ramon Llull），15世纪的乔治·里普林（George Ripley）

秘密与符号

炼金术士的手稿充满了符号和代码，以防心怀不轨之人获取信息

●黑太阳

黑太阳（尼日尔，sol niger）是众多鲜为人知的炼金术符号之一。它象征着变化，对希望实现物质转化的炼金术士而言至关重要。但它也可与物质黑化甚至腐败相联系。这幅图像出自16世纪一本名为《太阳的光辉》（*Splendor Soils*）的德文书，是一幅具有象征意义的水彩画，展现出炼金术的过程和思想。虽然这些图画描绘的是炼金术进入中世纪后的情形，但其风格不禁让人联想起炼金术更早时期的场景。

●四大元素

这个17世纪的象征性图标的边缘处展示出炼金术的"四大元素"——土、水、气、火。炼金术士相信若能掌握这四种元素的不同特性，就能创造出包括黄金和长生不老药在内的一切。周边角落内的三角形象征着炼金术的"三元素"，即汞、硫、盐。炼金术士帕拉采尔苏斯认为三元素混合在一起可以炼制出一切金属。

●伟大的雌雄同体

这是17世纪米歇尔·梅耶（Michael Maier）所著《圣坛光晕之象征》（*Symbola Aureae Mensae*）中的一幅版画，描绘了大阿尔伯特手指炼金术象征之一——雌雄同体。这幅图表达了许多炼金术文献中的一个共同观点——虽然万物有统一与单一的属性，但都由两部分组成。炼金术士认为这些对立力量（如干湿、日月、男女）的和谐统一可能就是炼制哲人石的关键。雌雄同体便代表着这种和谐统一。

和托马斯·诺顿（Thomas Norton），以及16世纪的托马斯·查诺克（Thomas Charnock），等等。然而，进入早期现代后炼金术逐渐失宠。

炼金术之所以失宠，首要原因是冶金技术的进步帮助人们更加深入地认识了金属的本质属性，其次是许多科学研究取得的重大突破，使炼金术和占星术等被视为"伪科学"，遭到扬弃。

不过至少至17世纪，即便如牛顿一样已走在全新科学时代最前列的前卫思想家，仍然在用古老的炼金术知识揭示生命的秘密。如今，古代炼金术作为现代科学的"坩埚"，仍在历史上占有一席之地。

▲ 一幅描绘炼金实验室爆炸的油画

炼金术秘史

炼金术士一直对发家致富与完美灵魂的追寻秘而不宣，
今天这些秘密将被解开

本·加祖尔（Ben Gazur）

许多早期炼金术技术及仪器为后世的科学革命奠定了基础。

炼金术作为一种高贵而又古老的技艺，在千百年来的实践中姿态万千。世界各国的炼金术士都试图将贱金属变成闪闪发光的黄金，并潜心于钻研使人长生不老的神奇秘方和包治百病的灵丹妙药。他们甚至相信只要配方正确，便可造出生命。在玄幻般地洞悉万物的本质后，炼金术士希望重塑一个更加完美的世界。

对他们而言，世界具有生命，存在着精神力量；只要拥有正确的知识和合适的工具，便可驾驭这些力量。借助这种高贵而又古老的技艺，金属可以生，可以死，也可死而复生。从中国、印度、埃及再到欧洲，各地的炼金术士都试图揭示宇宙的秘密，其中一些发现为后世的科学革命奠定了基础。

炼金术发展史
一千年来世界各地炼金术及其核心思想的发展历程

关键时刻
万物之源

史前

许多文明不约而同地认识到物质是由不同元素构成的。如同火生于木一样，元素有时也可以从物质中提炼出来。于是，人们相信只要知道元素重组的正确比例配方，便可创造出一切物质。例如，希腊人认为土、水、气、火以及以太构成了世间万物，而中国思想家则相信金、木、水、火、土才是万物之源。

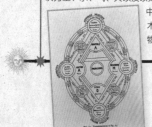

仙丹

中国炼金术士的主要目标是炼制使人长生不老的仙丹。这些仙丹通常由最贵的金属黄金制成，但有时也掺杂分量足以致命的汞。

公元前 300 年

汞的发现

公元前 2000 年左右，中国最先发现了汞，而在公元前 1500 年后的埃及坟墓中也可找到汞的踪迹。在许多炼金术士的理论中，汞是至关重要的。

公元前 2000 年

帕诺波利斯的佐西莫斯

佐西莫斯是一位埃及炼金术士，著有西方现存最早的炼金术著作。他在著作中将神秘主义与化学知识融为一体，这种写作和思维方式在随后几个世纪十分盛行。

4 世纪

焚书

据说在亚历山大发生暴动后，罗马皇帝戴克里先下令烧毁埃及人在金银炼金术方面所写的全部书籍。他这么做很可能是为解决帝国全境面临的货币问题。

297 年

关键时刻
阿拉伯征服

630 年之后

7 世纪，阿拉伯人征服并统治了大片区域。在这片土地上，来自不同文化的知识与智慧交融在一起。阿拉伯世界邂逅了古希腊文明，其中也包括炼金术。于是，柏拉图和亚里士多德著作的存本被译成阿拉伯文，阿拉伯学者因之相较于同时代拉丁语世界的学者在研究上拥有更加得天独厚的优势。

炼金术士的某些想法在今天看来简直异想天开，但确实推动化学实现了惊人的发展。许多早期炼金术技术及仪器在改良后沿用至今。此外，炼金术士在炼金实践中也产生了一些精神信仰，一些人的追求从最初的"点石成金"，升华为追寻完善灵魂的方法。总之，无论求财还是问道，炼金术士都略知一二。

遗憾的是，许多炼金术士将智慧隐藏在神秘晦涩的文字背后。正如有的炼金术士所说："当我们公开发言时，其实什么都没说。但当我们行文写作时，隐藏的尽是真理。"

贾比尔·伊本·海扬

阿拉伯博学家贾比尔·伊本·海扬的著作涉猎学科甚为广泛，但今天他最为人称道的功绩是创立了化学学科。他有很多伟大的发现，并把实验实践作为炼金术的核心。

8 世纪

关键时刻
欧洲再度发现炼金术

1144 年

1144 年，切斯特的罗伯特（Robert of Chester）将一本关于炼金术的阿拉伯文著作译成拉丁文。这本名为《炼金术构成之书》（*Book of the Composition of Alchemy*）的译著，将炼金术思想特别是阿拉伯人的相关实践引入欧洲。随着炼金术文献译本的广泛流传，欧洲炼金术士开始独立写作，并通过引用亚里士多德和教会的理论使之合理化。

内丹术

中国的炼金术从外丹术转向内丹术，即不再追求以外在炉鼎炼丹修仙，而是以修炼体内精、气、神达到神奇的成就。

950 年之后

帕拉采尔苏斯

帕拉采尔苏斯将化学技术和炼金术的思维运用在医学领域，并取得卓越的进展。他不再将身体视为神秘存在，而是可以用化学方法治疗的实体。他用水银治疗梅毒便是一个实例。

16 世纪

艾萨克·牛顿——最后一位魔法师

众所周知，牛顿因其卓越的科学成就而闻名于世，但他也致力于炼金术研究。在他的著作中，有将近一百万字关于炼金术的内容。

18 世纪

实验室里炼黄金

当代研究者发现使用粒子加速器可以使原子核融合在一起，所以通过加入元素铋便可将基本元素转化为黄金。不过，这样做的成本远远超过所获黄金本身的价值。

1980 年

古代中国的炼金术

中国的炼金术士——方士是世界上最早的炼金术士之一。炼金思想虽在世界范围内广为流传，但有些唯中国所独有

实现大一统的秦始皇是中国历史上的第一位皇帝，公元前210年去世后被葬于一座宏大的陵墓中。随葬的不仅有著名的兵马俑，还有与炼金术相关的秘密。据说，这座庞大的墓穴是天地万物的缩影，内部灌有水银，象征奔腾不息的江河湖海。考古学家虽然至今尚未进入皇陵内部，但已检测出周围土壤中的汞含量远远高于平均水平，表明墓穴里确实灌入了这种液态金属。人们相信汞不仅是始皇帝陵墓的陪葬品，很可能也是他中毒身亡的原因。有史料记载，始皇帝沉醉于追求长生不老，命令炼金术士

在中国哲学思想中，炼金术思想与道教密不可分。

悠悠覺萬有之空似天雲變滅

攢簇乾坤造化來于搏日月煉成灰
金公無言姹女死黃婆不老猶懷胎

靈
丹
入
閟

一粒金丹何赫赤
大似彈丸黃似橘
人人分上本圓明
夜夜靈光照神室

瀧珠爍爍照崑崙巔九轉丹成只自然
一粒自從吞入口始知世有活神仙

▲ 中国的炼金术士专门发明了许多工艺以炼制能够长生不老的仙丹，但也有人反求诸己，转为通过内在修炼去寻求得道成仙

炼制仙丹。但他或许没有料到药物中的汞很可能加快了他生命的终结。尽管这看似一次失败的实验，但中国的炼金术由此蓬勃发展，并对西方炼金术的思想产生了巨大的影响。

外丹术

中国的炼金术是以道教思想为基础的。作为哲学流派之一的道家倡导遵循宇宙之"道"，在此基础上道教于公元前4世纪诞生。道教的主要活动之一便是寻求延年益寿、长生不老之道，传说两位祖师张道陵和老子就遁于山中炼制长生不老的丹药。

这种通过体外的炉鼎炼制长生不老丹药的技艺在中国被称为"外丹术"。中国早期炼金术中

所有寻求永生和物质转化的活动都可归属于此。不过，随着炼金之风愈演愈烈，官府不得不在公元前175年颁布诏令，禁止炼金术士冶炼"伪黄金"，违者处以死刑。黄金在中国以稀为贵，深受世人追捧。若"伪黄金"不断流入市场，必将动摇经济之本。

然而，并非所有皇帝都对炼金抱有反感。比如，汉宣帝就曾命令刘向炼铸"伪黄金"。不过，皇帝的初衷并非获取黄金，而是求得延年益寿的能力。人们认为炼金术可以将各种材料混合后使其达到更高层次的和谐统一，因而炼铸的黄金要优于天然的黄金；人一旦服用这种黄金，便可吸收其中精华。然而，刘向最终并未成功，只是最终逃过一死罢了。

在中国，黄金十分稀有，而追崇长寿之风又经久不衰，于是人们便不得不寻求他法。比如，汞就是一种有趣的金属，炼金术士发现其在室温下竟呈液态，并具其他许多特殊属性。于是，含汞的矿物朱砂成为中国炼金术士研究的核心。

朱砂是一种漂亮的红色矿物，而红色在中国有着十分重要的象征意义。朱砂经加热后释放出的汞蒸气，凝结后便成为液态汞。这一过程同样具有象征意义，因为人们认为固体矿物中的"阳"气可以由此完美融入液态汞的"阴"气之中。

◀ 中国炼金术士用青铜炉鼎炼制仙丹，但也有人将人体视为一座精神炉鼎

不过，汞并非中国炼金术士眼中通往长生不老的最佳途径。尽管方士声称已经找到了将汞转化为银的方法，但他们大多逃不过罹患疯癫的命运——这是长期接触汞的副作用之一。

唐代以后外丹术的地位岌岌可危，部分原因是唐代至少有五位皇帝接连因长期服用"长生不老药"或中毒身亡，或精神失常。于是，人们开始将注意力由外在转向内心。

内丹术

传统中医有三宝：精（生命体的精华）、气（宇宙的活力）和神（机体的精神状态）。精、气、神在人的生活中分别发挥着不同作用，想要心平气和、长生不老，就要平衡好三者之间的关系。

精是生物与生俱来的能量之本，决定着生物的生长和发展。我们吃饭就是在补精。气是宇宙的活力，由阴阳两极运化而成，在躯体内流转不息。神是精神和心灵的能量与外显，人可以通过冥想对其予以控制。内丹术即内在炼金术，就是指在理想状态下将精、气、神结合起来，创造一种平和的境界。内丹术并不需要其他炼金术士所需的复杂的仪器设备，而是将人体本身作为能够熔合炼制万物的炉鼎，用内心净化和完善一切能量。

中国炼金术的影响

人们至今还无从知晓中国炼金术首次传入欧洲及非洲的时间。中国炼金术的传说很可能随同商队漂洋过海传遍四方。在亚历山大，人们可能听说过长生不老药和道教中人羽化成仙的故事。贾比尔在后期撰写的炼金术著作中提出的平衡理论，很可能就是从中国炼金术思想中照搬而来。

▲ 中国人用精致的铜镜聚焦太阳的光线，或收集月下的露水

阳燧与方诸——日月镜

人们常认为镜子是一种神奇的存在。它能够反射世间万象，尽管有时存在扭曲，却看似通往另一个世界的入口。中国古代的镜子则被应用于炼金术，甚至还出现于国家的仪式大典之中。

中国古人使用一种名为"阳燧"的金属镜，将太阳的热量和光线聚焦于一点，从而利用日光生火。"圣火"燃烧后，便可在祭祀中用以点燃火把，以及烹制饭食。太阳被认为是宇宙中的至阳，因而从太阳获得的火力格外旺盛。

然而，阴阳两气必须平衡，月亮便是平衡太阳的存在，因而充满阴气。与前述利用太阳生火相似，中国古人从月亮中汲取阴气，获得水源。人们会在夜晚用一种被称为"方诸"的青铜镜折射月光，通过冷凝承露取水。这也可被视为直接对月取水。总之，中国炼金术士借助阳燧与方诸吸取日月精华，感受造物之力的伟大。

印度的
炼金术

印度教神话里可能保留着一些炼金术最早的秘密。
印度炼金术士的许多发现为后世科学家所继承

炼金术似乎是在同一时期、不同地点不约而同地出现，今天已很难明确其源头所在。一些学者认为炼金术的思想起源于中国或埃及，但也有人认为印度才是炼金术的真正摇篮。古印度使用青铜和铁的时间比较早，并因在冶金和熔融矿石方面的成就闻名于世。从早期印度河流域文明时代起，人们便希望能够通过天然原料合成的药物治愈疾病。比如，享誉古今的"阿育吠陀"作为一种医学体系，为古印度人提供了大量可用的原材料。再如，《梨俱吠陀》作为印度最古老的神话集，历史可追溯至公元前

1700年。书中记载了对一种名为"苏摩"的酒的赞美，称饮用者可以延年益寿，甚至长生不老——"吾人饮苏摩，成为不死者，到达光天界，礼见众天神。"此外，《阿闼婆吠陀》中也提到黄金具有延长生命的功效。"达克沙的孩子们穿戴着黄金饰品，他们会因此而寿享遐龄。"总之，古印度人已经拥有了炼金术所需的所有原料，可谓万事俱备，只欠东风了。

"Rasayana"——探寻本原之路

梵语中"Rasayana"的字面意思是"探寻本

▲《梨俱吠陀》里记载了一种名为"苏摩"的美酒，称饮用者可以延年益寿，甚至长生不老

▲ 随着炼金术士从追求肉身不朽转为精神得道，冥想成为这项神秘活动的关键

原之路"，但已引申为利用阿育吠陀医术以求长寿，以及代指印度的炼金术。与其他文化中的炼金术不同，印度炼金术很早便放弃了普通金属，专注于利用汞转化黄金。成书于公元前4世纪末的名著《政事论》中曾记录了几种类型的黄金，其中一种便是"人工合成的水银黄金"。同时，古印度人渴求财富，自然愿意炼制取之不尽的黄金。比如，构建印度传统医学阿育吠陀医学雏形的《遮罗迦本集》一书，便记载了长命百岁、物

质财富和死后救赎是人类三个矢志不渝的追求。

古印度典籍还有关于从植物中提炼并创造新物质的记载。据载，古印度人将水中生长的油性球茎用尖物扎破，流出的油可以"杀死"汞，而"死汞"可用来点铜成金、点锡成银。

不过，似乎大多数的印度炼金术士并未将炼金术用于发家致富，而是作为精神追求。典籍中记述了人食用"死汞"的后果——幸运的炼金术士将立即得道成仙，就连他们的尿液和粪便也成

为强大的炼金原料，一丁点儿便可"点石成金"。不过，炼金术士却志不在此，而是期冀由此获得净化心灵和得道永生的精神境界。

健康之路

虽然并无证据表明有人通过炼金之道获得永生，但矿物疗法确实是依托炼金术理论而发展起来。从8世纪起，许多印度药物都是由无机物质研制而成，汞的硫化物"Kajjali"便是其中之一。10世纪时，古印度佛教哲学家、炼金术士龙树将汞和硫黄一起研磨60小时后制成一种黑色粉末，用于治疗多种疾病。可见，作为长生不老药配方的汞，确实发挥了医疗作用。对此，龙树写道："将黄金与等重量的汞混合揉搓后，再与硫黄、硼砂等物质混于一起。接着，将混合物转移到坩埚中，盖上盖子，进行低温烘烤。服用这种长生不老药的人肉体将不会腐烂。"

尽管炼金术名义上追求永生和健康，但实际上逐渐不再关注肉身的改变，转为追求精神和内在的变化。古印度人认为人通过冥想，便可从痛苦和泪水中解脱，拥有完美的自我。

炼金术的成功

虽然肉身不朽对大多炼金术士而言仍无法做到，但他们的某些成果确实经得起时间的考验。比如，龙树不仅发明了汞硫化物并将其用于医疗，还研制出一系列用于蒸馏、结晶、熏蒸乃至过滤的实验仪器。其中很多仪器在现代实验室中都得到沿用。

印度炼金术也与欧洲、阿拉伯和中国的炼金术具有相互影响。众所周知，印度僧侣将密宗思想传入中国，其中就有金属转化的内容。而阿拉伯人进入印度后，也促成了文化深入交流，古印度教的思想随之被译介传入西方。

"水银派"、汞与永生

炼金术虽流派各异，但因汞的特有属性，无一例外地都用到了汞。不过，只有古印度人对汞一边倒地赞不绝口，甚至到了崇拜的程度。比如，一些经文记载湿婆神声称汞即为其精液。这也解释了汞与神祇之间的联系。1世纪兴起的哲学流派"水银派"（Raseśvara）则认为，服用水银制剂是脱离轮回转世的唯一途径。

"水银派"的经典 *Raseśvara-siddhānta* 列举了许多神祇、圣人和国王，并明言："由于他们获得了水银身体，在世时便可达至完美境界，获得解脱。"古印度人认为汞和气是保持机体存活的必需品；若想达到开悟的境界，便需不停思考，而汞可确保身体保持完美健壮的状态。

虽然"水银派"的学者知道如何服用水银制剂，使之与其血肉合二为一，从而获得解脱重生，但这也加速了死亡的到来。

▲ 当时人们发现几种矿物里都含有汞，认为其是实现永生的必要物质

欧洲的
炼金术

炼金术对欧洲中世纪的发展发挥了举足轻重的作用

西方炼金术起源于古城亚历山大。作为亚洲、非洲和欧洲的交汇之地，亚历山大见证了一些炼金术基础文献的问世。虽然帝国兴衰，朝代更迭，征服者的入侵导致炼金术知识无法顺利流传后世，但千百年来炼金术的影响从未停止。

罗马时期著名的炼金术士帕诺波利斯的佐西莫斯使用"xerion"一词表示炼金药，当时他可能根本不知道这种粉末能够"点石成金"。"xerion"先是被阿拉伯语译为"al-iksir"，后又被译回至拉丁语"elixir"，即"长生不老药"。中

世纪的炼金术士认为这种长生不老药可以使黄金增产，治愈疾病，乃至获得永生。今天或已无法知晓西方炼金术演变的全部历程，但炼金术的影响则有迹可循。

由炼金术至化学

1597 年，德国炼金术士安德烈亚斯·利巴菲乌斯（Andreas Libavius）出版了《炼金术》（*Alchemia*）一书，道出了炼金术士的所有秘密。他在书中并未使用神秘的典故或元素的代号，而是介绍了实验室里应该配的仪器及使用方法，这

▲ 欧洲炼金术士在冶炼不同物质的同时，也推动炼金术发展成一门真正的科学

▲ 炼金术研究和实验为现代科学奠定了基础，贡献出许多先进的成果

使其在今天看来更像是第一本化学教科书。如言及汞时，他直截了当地使用其专有名称，而非"绿狮""看门人"或其他晦涩难懂的名字。这是炼金术走向大众的第一步。

当人们使用正确的仪器和方法成功复刻炼金术实验后，炼金术很快衍生出一套统一的标准。罗伯特·波义耳（Robert Boyle）所著的《怀疑派化学家》（The Sceptical Chymist）进一步将炼金术士的实验分为神秘的研究与化学的学问两部分，这对自古希腊以来一直被奉为圭臬的"四大元素"论无疑是沉重的打击。此后，实证研究逐渐取代炼金术士对元素合理化和理论化的说辞。随着拉瓦锡（Lavoisier）规范了化学用语，研究人员得以更加准确地描述实验原理。许多炼金术思想在现代化学研究中已不复存在，有些人甚至认为炼金术是西方思想数百年间误入的死胡同。然而，今天的炼金术史学家正在寻找更多证据论证甚至称颂炼金术是现代科学的伟大先驱。毋庸讳言，许多必需的现代化学试剂最早确实是由炼金术士合成的。退而言之，炼金术士蒸馏出"葡萄酒的精华"即纯酒精，亦足可证明其贡献值得称颂。人们在炼金术士的著作中还找到了一些只有在后世才能完成的实验。比如，今人认为黄金根本无法挥发。然而，炼金术士巴兹尔·瓦伦丁坚称这是可以实现的，即通过看似毫无意义的与酸一起不断加热，这引发后世学者嗤之以鼻。不过，直至一位现代研究者通过实验发现加热过程中会产生氯气，可以实现黄金的挥发，人们才恍然大悟自己的浅薄。可见，炼金术著作的字里行间隐藏着化学的奥秘。

由炼金术至医学

西方炼金术的追求之一是研制能医治百病的灵丹妙药，这同时也推动了药学的发展。炼金术士可以提炼出物质中的精华，便也可以发明激动人心的新药。他们使用酒精和酸从植物和岩石中提炼出新的化学物质，用于医疗。这种被称为医疗化学的化学方法，是由德国的菲利普斯·奥里欧勒斯·德奥弗拉斯特·博姆巴斯茨·冯·霍恩海姆（Philippus Aureolus Theophrastus Bombastus von Hohenheim）创立的，而人们更愿称他为帕拉采尔苏斯。他在研制药物时，并未采用当时医生喜欢的普通草药和动物副产品，而是改用化学物质，并认为正是体内的化学变化诱发疾病。如今，他已被誉为"药理学之父"，尽管基本没有科学家赞同他对占星术等宇宙概念的论述。

在汲取帕拉采尔苏斯的思想后，人们的研究与炼金术背道而驰，渐行渐远。比如，在将身体直接视为化学实体后，人们取得了许多惊人的发现，其中之一便是认识到酸是促进人体消化的关键，这也支撑了医疗化学关于体内活动皆可描述成发泡、发酵或腐败的理论。

如今，生理学和微生物学相较医疗化学更有说服力，但采用多种来源的合成药物治疗疾病的方法已被现代医学采纳。全世界都在研发新型药物造福人类，而这项探索的开山鼻祖应是炼金术士。

炼金术的今天

今天，炼金术一词已被主流学界唾弃，甚至有人会对这三个字报以白眼。然而，忽视炼金术便忽视了现代科学和信仰发展历程的一大部分。若仅将炼金术士视为失败的科学家，那么他们的很多工作便毫无意义。不过，他们并非纯粹的经验主义者，而是一直在寻找真理的路上，对任何有望达到目标的方法都愿意一试。

忽视炼金术便忽视了现代科学和信仰发展历程的一大部分。

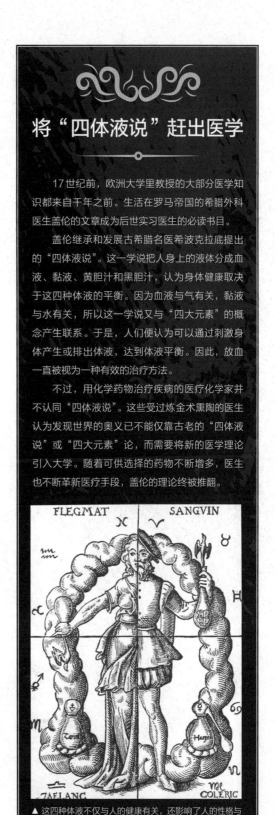

将"四体液说"赶出医学

17世纪前，欧洲大学里教授的大部分医学知识都来自千年之前。生活在罗马帝国的希腊外科医生盖伦的文章成为后世实习医生的必读书目。

盖伦继承和发展古希腊名医希波克拉底提出的"四体液说"。这一学说把人身上的液体分成血液、黏液、黄胆汁和黑胆汁，认为身体健康取决于这四种体液的平衡。因为血液与气有关，黏液与水有关，所以这一学说又与"四大元素"的概念产生联系。于是，人们便认为可以通过刺激身体产生或排出体液，达到体液平衡。因此，放血一直被视为一种有效的治疗方法。

不过，用化学药物治疗疾病的医疗化学家并不认同"四体液说"。这些受过炼金术熏陶的医生认为发现世界的奥义已不能仅靠古老的"四体液说"或"四大元素"论，而需要将新的医学理论引入大学。随着可供选择的药物不断增多，医生也不断革新医疗手段，盖伦的理论终被推翻。

FLEGMAT　　　SANGVIN

ZÆLANG　　　COLERIC

▲ 这四种体液不仅与人的健康有关，还影响了人的性格与气质

古埃及炼金术

炼金术的诞生

3世纪时亚历山大城独特的环境孕育出炼金术。
那么，这门神秘的技艺何以诞生于这座港口城市？

阿普里尔·马登（April Madden）

直到近代人们才厘清了宗教、魔法和科学等概念的区别，而这些概念也与炼金术的历史有着错综复杂的联系。倘若今人穿越至3世纪罗马帝国的埃及行省，一定会发现当年的认识与今天大相径庭。当时的人们在诸多宗教、文化及其衍生的哲学和神话的影响下，根据实践经验形成了一种独特的世界观。后世史家对于炼金术的性质认识不一，有人因其从诞生伊始就完全基于物质、手工研制且符合原始科学的特征，而视其为纯粹世俗宗教的产物；也有人更侧重于研究其中蕴含的宗教、神话乃至魔法的奥义。直至19世纪英国作家玛丽·安妮·阿特伍德的研究问世，两者间的鸿沟才得以填平。不过，居住在1700年前埃及首都亚历山大的工匠却在多元文化的熏陶下，并未将世界二分为理论假设与实际应用或事实与虚幻。相反，他们将不同思想融合为一个相互关联、统一、实用却又神秘的世界观，在他们看来一切皆有可能。正是这种世界观从根本上启发了炼金术的诞生。可见，炼金术诞生于亚历山大城，得益于其独特的环境。

亚历山大灯塔是亚历山大的标志性建筑，也是古代世界七大奇迹之一。它在保障航运安全的同时，也象征着亚历山大是当时全世界的知识灯塔

Harold Oakley

▲ 在参考亚历山大的考古遗迹和文献资料后，人们绘制出一幅能够代表亚历山大城中炼金作坊的透景画

作为古埃及的首都，亚历山大地处埃及北部，地中海沿岸，尼罗河支流卡诺比克河口。彼时的卡诺比克河是一条宽阔的航道，可供深水船将金属货物从亚历山大城内的埃及区运入运出，如今早已不复存在。4世纪时，亚历山大大帝在征服埃及后不久，便梦见他最喜欢的诗人向他描述了尼罗河三角洲西部一隅的风貌，遂欲选址建城。这位年轻的帝王带着珍爱的《荷马史诗》四处游历，直到站在法洛斯岛布满岩石的海岸边才停下脚步，萌生在此建城的想法。

他以自己的名字命名了这座城市，并雇用建筑师狄诺克拉底（Dinocrates of Rhodes）一手设计建城方案。此前狄诺克拉底只能在一些年代久远、杂乱无章的老城中心，建造天马行空般的建筑和区块以作点缀，此时则可以设计整个城市。因此，于他而言这一机会可谓千载难逢。传说当时狄诺克拉底没有粉笔，便用大麦粉在地上画出了新城的设计图。不过，当他与工人丈量设计图上的一些重要数据时，海鸟啄食了地上的大麦粉。一些工人迷信地认为鸟类破坏设计图乃不祥之兆，预示不应建城。然而，亚历山大大帝的预言家亚里斯坦德（Aristander）却说这些饥饿的鸟儿象征着新城将让全世界受益。在随后数世纪里，人们对于亚历山大城宿命的解释一直在迷信和实际之间来回摇摆，这座城市最终仍未逃过被罗马帝国征服的命运。

公元前30年，继屋大维（后来的罗马皇帝奥古斯都·恺撒）发动一场短暂而又血腥的战争后，埃及法老、著名的埃及艳后克莱奥帕特拉七世自杀身亡，埃及随之被纳入罗马帝国的版图。这位埃及艳后曾先后与屋大维的养父兼恩人尤利乌斯·恺撒，及政治对手马克·安东尼有过精心设计却又以悲剧收场的政治爱情。不过，她并非严格意义上的埃及人，因为继公元前323年亚历山大去世后，统治埃及的希腊人建立起托勒密王朝，克莱奥帕特拉七世正是这一王朝的后裔。其实，早在克莱奥帕特拉七世去世前的几百年间，希腊人便已来到埃及旅行和定居。于是，希腊人与埃及人交往、融合，对彼此的社会、文化以及神祇有了深入了解。在罗马帝国统治期间，当

▲ 这幅18世纪巴洛克风格的想象画出自普拉西多·克斯坦兹（Placido Costanzi）之手，描绘了亚历山大大帝受到神的启示，创建了亚历山大城。画中的建筑师狄诺克拉底正向亚历山大大帝展示城市规划

权者更愿重用希腊人，而非埃及人，但事实上两个群体已很难区分。于是，一种被称为"科普特语"的新语言应运而生。这种语言同时包含希腊语和埃及俗体文字（一种非象形的埃及文字，通常用于日常公文的写作），习得此语言后便可用埃及语进行听说，无须再用"通用希腊语"，两个群体便可更加高效的交流。这一壮举意义非凡，因为此前许多关于古埃及食谱、实验、仪式、咒语和仪式的记录（大多被"希腊黑魔法莎草纸"收录）都以由埃及单词蹩脚地转写成的希腊语书写，读起来即为一串无意义的音节，仿佛魔法咒语一般，让人不知所云。不过，这一传统后来被炼金术士继承，他们故意打乱毫无意义的词语和读音，甚至围绕单词和读音发明出一套复杂且神秘的迷信体系，借此掩人耳目。但在炼金术诞生之初，罗马帝国治下的埃及人致力于分享和传播知识，而非让人不明就里。

在埃及这片土地上促进交流融合的不止希腊

▲ 亚历山大的守护神塞拉匹斯由埃及农业与丰饶之神奥西里斯和牺牲与重生之神阿匹斯演变而来。在一幅希腊肖像画中，他被描绘成一名身材健硕的贵族领袖

亚历山大的众神

　　亚历山大大帝在古代世界的人们心中地位如此之高，以至于在征服埃及后且尚在世时，就已被视为半神——他在孟菲斯被埃及人加冕为法老，并被誉为"众神之子"，这对这位宗教情结颇深的年轻帝王产生了深远的影响。在他去世后，人们仍敬奉着他的遗体，甚至继续歌颂着他的传奇。

　　在亚历山大大帝身后，他麾下的将军（也有传闻说是他同父异母的兄弟）托勒密一世开辟了新的王朝。埃及和希腊曾因共同追随亚历山大大帝而一度统一，但此时已分道扬镳。托勒密一世发现，若能将埃及的众神与希腊的众神融合在一起，将大大有助于民族的统一。于是，在托勒密王朝的努力下，两条神祇

文化的平行线相交在一起：宙斯—阿蒙神已经是两个社会都能接受、具有二元性质的神祇；此外还出现了狄俄尼索斯—奥西里斯神、伊西斯—阿芙罗狄蒂神、赫曼努比斯神，以及赫尔墨斯·特里斯墨吉斯忒斯神。亚历山大城中建有供奉最重要的神祇塞拉匹斯（Serapis）的塞拉皮雍（Serapeum）神庙，该庙宇集群被誉为"亚历山大城图书馆的女儿"，暗示着这里也是一处研究中心。塞拉匹斯由奥西里斯和阿匹斯这两位埃及神祇演变而来，但肖像却呈现希腊风格——一位与宙斯相似的强壮中年男子，带有冥界和水神的元素。

▲ 亚历山大城图书馆曾经是古代世界最大的图书馆，里面藏有哲学、神学、数学、自然史、炼金术等方面的典籍

▲ 这一小块玻璃瓷砖体现出炼金术士在亚历山大多元文化的熏陶下，精通玻璃和金属制品的制造、色彩的调配、绘画和染色技术

基督教神学发展产生了深远影响。这些苦行隐士从基督教国家聚居于此，在这片荒野上研究教义。

当时的罗马帝国幅员辽阔，臣民背景各异，社会流动频繁。在此条件下，整个帝国对来自各个被征服疆土的神秘的教派都怀有浓厚的兴趣。当罗马人开始秘密信奉琐罗亚斯德教中的密特拉神之后，密特拉教便在罗马帝国内广泛传播开来，并把前述希腊的"黑魔法莎草纸"视为密特拉神的祝祷文。虽然我们不太了解罗马与波斯的密特拉教的仪式，但浅读后不难发现其似与后世炼金术思想有许多共通之处。希腊人知识广博，对原始科学哲学，以及深度融合了罗马和埃及万神殿宗义的多神教都有涉猎。而埃及人创造出世界上最古老、最复杂的宗教，其神职人员也因在宇宙论、医学以及油漆、染料、化妆品、香水和其他药剂的制造行业上造诣深厚而享有盛誉。于是，在罗马帝国埃及行省的省会，这些来自不同时空的各式传统融合在一起，宛如一场成功的炼金术实验的独特结晶；这座城市充满了聪明、具有批判性思维且技术娴熟的居民，同时也吸引着来自不同信仰和文化、怀揣求知好奇之心的人们不断加入其中。

当然，这座城市也并非多元文化的乌托邦。宗教团体之间存在着许多意识形态冲突，诸如犹太人、基督徒与异教徒间冲突不断。2世纪时犹太人为反抗罗马人的迫害爆发起义，掀起基托斯战争（Kitos War）。而希腊和罗马的统治者也经常压迫甚至杀戮基督教教徒。虽然紧张的局势时常引发战火，但古老的亚历山大就如古代世界七大奇迹之一的亚历山大港法洛斯岛上的灯塔一样，成为启智古代世界、引领精神发展的永恒灯塔。在那里，希腊哲学可以与古老的犹太教神学及其新兴分支基督教，以及其他新传入的信仰和

人、罗马人和埃及人。埃及作为欧洲、非洲、近东和中东交界处的十字路口，自古便是文化大熔炉。从公元前525年到亚历山大大帝入侵之前，埃及基本上一直处于波斯帝国阿契美尼德王朝的统治之下。波斯人在征服初期并未强制埃及人变更文化，允许其信奉传统宗教，保持社会完整。只是来自波斯的琐罗亚斯德教的神职人员知识十分渊博，进入埃及后一面学习埃及丰富的知识，一面传播琐罗亚斯德教极具影响力的思想（以及他们在遥远的中国和印度游历时受到的启迪）。即使在亚历山大大帝征服埃及之后，埃及社会中仍有许多伊朗人、琐罗亚斯德教教徒以及新崛起的摩尼教信徒。摩尼教是在犹太教、佛教、印度教、基督教和琐罗亚斯德教的影响下形成的新宗教。而由今天的厄立特里亚、吉布提、埃塞俄比亚、索马里和苏丹等地而来的旅客和居民也带来了神秘的一神教，建造起与埃及相似的神庙。他们信奉拥有创造生命的神力的、可能被称为"Waaq"的天空之神。此外，基督教也传入埃及。亚历山大是古时最大的犹太人聚居地，而居住在城市附近的纳特龙山谷的"沙漠教父"对

▲ 亚历山大城图书馆先后经历过数次劫难：先是公元前48年被恺撒大帝在战争中意外烧毁，272年又遭罗马皇帝奥勒留袭击，最后便是297年罗马皇帝戴克里先的围攻

史诗《阿尔戈船英雄纪》的作者罗得岛的阿波罗尼俄斯就曾任亚历山大城图书馆馆长。

早期炼金术士

早期的炼金术士与其说是历史，不如说是传奇

亚历山大的早期炼金术士充满了传奇色彩。这里的人们操着不同语言，却说着发音相似的单词，足以证明相互联系紧密。早期炼金术士"Chymes"，在阿拉伯语手稿中被称为"Kimas"或"Shimas"，据说正是以他的名字命名了炼金术这门技术。亚历山大的一些犹太教教徒习惯将他与《圣经》里诺亚之子"含"联系起来，因为"含"在洪水退去后便定居于埃及。另一位与诺亚家族有联系的是神秘的早期炼金术士亚历山大的摩西，这自然会让人联想到与他同名的《圣经》中的先知摩西，后者在古亚历山大被视为艺术和科学的发明者。还有一些用希腊哲学家笔名写作的神秘人物，如伪德谟克利特、伪亚里士多德和伪柏拉图，世人甚至无法知晓其是男是女。帕诺波利斯的佐西莫斯在著作中就记述了许多这样的人。他对其中许多人予以赞美，但在给身为女炼金术士的妹妹蒂奥塞拜娅的信中，却建议她不要再与另一位女炼金术士帕夫努提亚通信，原因是他认为她受教育有限，她的炼金实践亦没有价值。人们相信历史上最早的实践派炼金术士可能是前述女炼金术士犹太人玛丽。

▲ 炼金术一词"khēmia"源自早期炼金术士"Chymes"的名字。后世一段亚历山大的民间传说声称他就是《圣经》人物诺亚之子"含"

平共存。正是这些思想在百年间的不断融合，产生了今天被称为"诺斯替主义"（Gnosticism）的流派，进而诞生出炼金术思想。

直至近日，学界仍就诺斯替主义到底是宗教本身，还是混合主义宗教运动众说纷纭，尽管最初的诺斯替主义者未必理解为何要对这两个概念加以区分。在吸收融合了犹太教和基督教神学思想、希腊哲学和波斯琐罗亚斯德教的宇宙论元素后，诺斯替主义者的世界观变得更加复杂。虽然诺斯替主义的起源已不可考，但可以肯定的是，没有史料能够证明其早于基督教出现，而亚历山大城对诺斯替主义的早期发展至关重要。比如，早期基督教的希腊教父克雷芒（Clement）就是在亚历山大完成皈依的。克雷芒是土生土长的希腊人，对希腊哲学、犹太基督教神学和东方神秘主义融合后的思想了如指掌，但后世对他是否为诺斯替主义者存疑。和当时许多知识分子一样，克雷芒在公开发表的作品之外，还有未刊的秘密记录，其中时常流露石破天惊的诺斯替思想。在基督教世界，很多人认为诺斯替主义是基督教神学出现的第一个异端。2世纪时在亚历山大完成学业的埃及神学家瓦伦丁，在天主教会拒绝给予其晋升后便与之决裂，转而信奉诺斯替主义的一个分支，今天这个分支已经以他的名字命名。"瓦伦丁主义者"可能是历史上第一个代指诺斯替主义者的术语，因为这个群体最初用"诺斯替"（在希腊语中原意是"知识"）来形容其哲学思想，而非群体本身。

当年的亚历山大拥有包括学者、工匠、商人、公仆在内的数量庞大的中产阶级，他们精力充沛，吸纳包容多民族文化且求知若渴，这也使亚历山大宛如一间温室，滋养出诺斯替主义等思潮。在鼎盛时期，亚历山大城图书馆享誉世界，而这还只是缪斯圣殿建筑的一部分。这一圣殿供奉着希腊神话中的九位缪斯女神，类似一所现代研究型大学。上千名收入丰厚、思想开放的学者聚居于此，夜以继日地收集挖掘世上的所有知识，并进行翻译以便惠及更多读者。史诗《阿尔戈船英雄纪》（Argonautica）的作者罗得岛的阿波罗尼俄斯（Apollonius of Rhodes）就曾任亚历山大城图书馆馆长，在他任职期间，著名数学家和发明家阿基米德（Archimedes）曾到访于此。阿基米德的拥趸声称，是尼罗河使其联想到著名的"阿基米德式螺旋抽水机"。但更可信的说法是这位希腊西西里岛的工程师是在亚历山大城图书馆阅读了大量有关古埃及、苏美尔或波斯灌溉技术的书籍卷轴后，才获得了灵感。然而，在罗马统治时期，亚历山大城图书馆的读者大幅减少，且在272年罗马皇帝奥勒留执政期间，抑或297年戴克里先执政期间，亚历山大以悲剧的方式走向终结。之所以说戴克里先可能是罪魁祸首，是因为这位行伍出身的书吏之子，是罗马历史上第一个正式称皇帝的人。统治期间，他打压国内异己和少数民族，在访问亚历山大后颁布禁令，痛斥"古埃及人炼制金银的著作"，要求焚烧炼金术相关书籍。后世认为也是在这一时期，《赫尔墨斯文集》（Hermetica）的亚历山大藏本流散遗失。

被希腊语称为"khēmia"的炼金术起源于戴克里先颁布禁令的约百年前。后世所知最早的炼金术士有犹太人玛丽、炼金术士克莱奥帕特拉、帕诺波利斯的佐西莫斯，以及曾将当地纳特龙湖盐与含砷的矿物混合研制出纯净且致命的砒霜的毒药大师艾格沙狄蒙神（Agathodaemon）。早期的炼金术士参考了大量冶金知识，如砷可以用来硬化青铜，但也具有毒性。尽管世间一直流传赫尔墨斯·特里斯墨吉斯忒斯创始炼金术的神话故事，但关于炼金术起源的历史记载实际上少之又少。有史可查的只有早期炼金术士发明的世界上最早的科学仪器，比如水浴器（玛丽发明）、蒸馏器（克莱奥帕特拉发明），以及一些炼金术起始的工序。不过，这些亚历山大的原始化学家真的能将贱金属变为贵金属吗？答案或许是肯定的。在被今人称为"莱顿纸草"的亚历山大的文献中，记有一种名为"硫水"的重要配方，指出将石灰、硫和酸（配方中建议使用醋或尿）精确配比后，便可用来点银成金。美国约翰斯·霍普金斯大学科学史学家劳伦斯·普林西比既是化学家，也是炼金术史学家，他曾按照配方调制出"硫水"，发现确实可以达到文献记载的效果。

　　亚历山大早期的化学家专门研究物质的转化，并由于为城市中衣着考究、花枝招展的顾客生产假金属和宝石而生意兴隆。但对于正在着手解决因通货膨胀、伪造及剪裁金币以及汇率异动导致国内经济灾难的戴克里先而言，即便新增税种也无法达到财政平衡，自然无法允许炼金术士将由白银转化来的伪黄金流入市场。虽然罗马帝国以并不否定一切未知的神秘行为而闻名，但与其说戴克里先的禁令是因为害怕非罗马巫术，倒不如说是害怕这种新兴且具破坏力的技艺危及帝国的财政稳定。当然，这也暴露出另一问题：罗马帝国之广大，已超出了戴克里先的管控能力范围。于是，他后来便将帝国一分为四，自己作为正帝统治其中之一。戴克里先对炼金术士的斥责并不稀奇，因为此前他也曾激进地迫害摩尼教教徒和基督教教徒。但是，比斥责更为严重的是，他将炼金术士的学术成果付之一炬，这彻底摧毁了亚历山大

▲ 与亚历山大大帝同名的亚历山大城，有着古代世界上最大的图书馆；同时是炼金术的发祥地，中世纪西方心驰神往的乌托邦

赖以繁荣的核心。这座城市此前曾痛失建城元勋亚历山大大帝，甚至弄丢了他的陵墓；也曾历经疾病、灾难和死亡；还曾遭罗马人屠杀两万多人，但最终都得以绝处逢生。不过，戴克里先的焚书命令却给亚历山大城致命一击。它不仅使图书馆没落，也仿佛吸走了这座城市

炼金术起源于戴克里先颁布禁令的约百年前。

的元气，只留其满目疮痍，无力回天。365年克里特岛地震引发的海啸，为这座城市画上了休止符。

然而，炼金术的种子却在这片废墟中生根发芽，最后被新的征服者阿拉伯人重新拾起并继续钻研，进而将其发扬光大，发展出魔法理论和现代科学。当年亚历山大大帝的预言家亚里斯坦德所述这座新城会让全世界受益的预言，最终灵验。

透特神、魔法和赫尔墨斯·特里斯墨吉斯忒斯

作为神秘的古代先知，赫尔墨斯·特里斯墨吉斯忒斯的形象一直蒙着神秘的面纱。这位开创赫尔墨斯主义的人物究竟为何方神圣？

迪伊·迪伊·谢内（Dee Dee Chainey）

被许多人视为古代先知的赫尔墨斯·特里斯墨吉斯忒斯相传曾撰写过许多著作，传播炼金术和神秘的知识。不过，人们对他的认识仍然有限。若要揭开他神秘的面纱，就必须在最早的古埃及神话中追寻蛛丝马迹，将关于他的成长故事碎片拼接起来。

宗教和仪式充斥在古埃及生活的各个方面。埃及神庙中供奉着来自不同国家、主宰自然世界的各式神祇。同时，国王作为人与神之间沟通的

桥梁也受到敬奉。今天已从古代陵墓等处出土了大量文献，记载着人们祈求众神并向其献祭的过程，以此寻求赐福和帮助。人们相信这些神祇统治着日月星辰、自然万物和普通人日常生活的方方面面，且每一位神祇都拥有某种神秘的能力，因而在古代艺术中常用许多具有象征意义的动物、物品和符号来表现某位神祇的特征与本性。在中王国（the Middle Kingdom）的黄金时代，冥王奥西里斯是众神中最重要者，而伊西斯则与

ΘΕΟC

MERCVRIVS TRIMEGISTVS

▲ 赫尔墨斯·特里斯墨吉斯忒斯像。他身旁是一柄蛇杖，头顶上方的文字是希腊文"ΘΕΟΣ"，转写成拉丁字母即"theos"，意为"神"

众神可以联合为一个复合神。

其他神祇一起为生者提供治疗和保护，也为死者提供帮助。此外，她还与烘焙、编织和酿造有关。天空之神荷鲁斯是一位鹰头神，左眼代表月亮，右眼代表太阳。与他关系密切的还有造物主拉，他的标志同样是一只猎鹰，相传每天白天驾着驳船载着太阳遨游天际，晚上便会前往冥界，因此便有了太阳东升西落。

从古王国（the Old Kingdom）时期（约公元前2686年至前2181年）起，透特（Thoth）成为古埃及的智慧之神，掌管文书、（象形）文字、知识和计算。人们坚信他能维持宇宙的平衡。据说当拉神驾船载着太阳穿越天空时，透特就站在驳船的一边，他的妻子玛阿特（Maāt）站在对面。透特在古埃及神话中具有举足轻重的地位，在埃及许多地区得到供奉，且在赫门努（Khemenu）城尤甚。这座城也被希腊人称为赫尔摩坡里斯（Hermopolis）、赫尔墨斯（Hermes）之城或太阳神城。随着时间的推移，透特的形象发生了很大变化，转变为众神的调解者，监督裁决正义与邪恶之争，负责魔法、宗教、哲学和科学等，并控制星体的运行。

在古埃及的传统中，诸神的意义与其他传统中的神有所不同。埃及人不仅通过神话故事阐释世界万物、走进神祇的世界，而且通过明确诸神的权力与互动表达对现实的看法。每位神祇都代表着某种神性或力量，而非与人一样是独立的个体。众神可以组合衍生出新的神，后者则继承前者的力量与职能。当某神表现出与另一位神的性

▲ 现存于巴黎卢浮宫的这座雕像将埃及透特神刻画成一只狒狒

文字与魔法之神

　　文字之神一般也是魔法之神。在希腊文化渗透到埃及人的生活中之前，埃及人一直认为写作和识字是祭司和书吏才能掌握的秘密知识。通常认为文字和语言是透特所创，他与塞莎特（Seshat）女神同为众神的书吏；他还是智慧之神，强大的作家。其实，许多与文字有关的神也是魔法之神。挪威神话中的主神奥丁是一位智慧之神、治愈之神和魔法之神，并因知晓了文字的智慧受到赞誉。相传，他不断练习占卜先知和巫术的魔力，曾将自己倒吊在世界树"尤克特拉希尔"（Yggdrasil）的树枝上，由此知晓了符文的智慧；他还用长枪刺伤自己作为祭品，因而发现了诺恩斯（Norns）之井（或命运之井）中的文字。这些文字成为维京人书写魔法符咒的基本字母，也再次体现了文字、万物和魔法之间的联系。这也正是透特的神力所在。

▶ 北欧神话中的众神之父奥丁将自己献祭"乌尔德之泉"（Well of Urðr），只为揭开其中的文字秘密

格特点相似或发挥相似的作用时，人们就会说另一位神也存在于某神身上。不同神祇会因为共同的特征而被归于一类，但有些神祇也会集相斥的特征于一身。其中一个例子便是阿蒙拉神，他是"隐藏者"、造物主阿蒙与太阳神拉的结合，因而拥有两者的特点与力量。透特也与月亮之神产生联系，因而有时被描绘成头戴新月和月盘，且常为头为朱鹮的人身形象，以彰显其具有控制时间和季节的能力。当他掌控万物平衡时，头就变成了狒狒；当然他的头还会变为鹰或牛，但大多为朱鹮。人们认为他是自我创造的神，掌握着天空的万物；同时也是拉的心脏与舌头，负责指挥太阳驳船穿越天空，并向世人传授拉的神谕。

至公元前 12 世纪，埃及在过去的数百年里一直经历着久而未决的动乱、与赫梯人的战争，

透特的身份之一：拉在冥界的代理。

以及由此引发的政治动荡，因此再未重现过去的辉煌。公元前 4 世纪末，埃及迎来了亚历山大大帝的征服，同时也迎来了希腊化时代。随后，马其顿帝国的将军希腊人托勒密仿效古埃及法老成为埃及的新国王，并将希腊的新思想引入埃及，这对埃及的宗教生活产生了深远的影响。国王托勒密一世希望借助引入新的神祇统一两种对立的文化传统。于是，透特便因与希腊神赫尔墨斯角色相似而与之合二为一。

赫尔墨斯是古希腊神话中的商业、旅者、小偷和畜牧之神。此外，他最重要的职责是众神的使者，只是这一身份被弱化成了书吏。当然这也不足为奇，尤其是这两种身份都涉及外交和协调的工作。在人们眼中，赫尔墨斯的形象通常是头戴帽子，脚踏翼靴，手持象征和平的双蛇节杖，

神秘的《透特之书》

传说《透特之书》(*Book of Thoth*)由透特亲自撰写，但人们认为这本书实际上是一部文集，内含42本书，共分六类，涵盖了古埃及人的所有哲学知识。2世纪末亚历山太的革利免（Clement of Alexandria）认为这部书出自赫尔墨斯笔下。后世认为现在看到的书已是翻译后的希腊版本，其中融合了希腊思想并进行了改编。据说该书涵盖了法律、神祇和牧师的教诲、服侍众神的做法、世界地理知识及文字、占星术和天文学、宗教作品，以及医学知识。虽然有些人想把《亡灵书》(*Book of the Dead*)也纳入《透特之书》，但因为透特只写了《亡灵书》的一部分，所以遭到了多数人的反对。

托勒密时期出现了一本伪造的《透特之书》，书中包含了神祇与动物和万神殿中众神交流的咒语。这本书起初存在一个上了很多锁的盒子里，藏在尼罗河底，由蛇护守。后来，一位埃及王子将之偷走。作为惩罚，透特杀死了王子的妻子和儿子，王子也因此自缢身亡。许多年后，另一名男子再次偷了这本书，而后他被引诱杀害了自己的孩子，当他发现引诱他的是一种幻觉后羞愧不已，于是将书还了回去，这才找到妻子和儿子的尸体，并予以安葬。这些故事说明人类不可试图获取神祇的咒语。

▼ 传说《透特之书》由透特亲自撰写，记录了他所知的所有知识

认识埃及的神祇

人们能叫出名字的埃及神祇大概有 1500 位，其中许多神是结合后的复合神，与原始神祇具有共同的特征。下面介绍一些最重要的神祇：

> 对埃及人来说，文字是神圣的，是值得信赖的，因为它能将世界上所有的知识都记录下来。

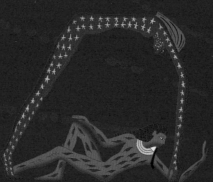

●拉
太阳之神

拉是埃及最重要的太阳神，且有多个名字，对应每天的不同时分。如凯布利（早晨的太阳神）、拉（正午的太阳神）、阿图姆（黄昏的太阳神）及阿顿（日轮之神）。作为神的创造者，他造出了孪生神舒和泰芙努特。

●盖布
大地之神

他是拉的孙子，舒和泰芙努特的儿子。他绿色的皮肤代表着大地，在画中经常斜躺在努特的旁边。努特既是他的妹妹，也是他的妻子。

●努特
天空女神

拉的孙女努特是天空女神，星光闪闪的身体形成了天空。其父风之神舒将其置于哥哥盖布之上。

●伊西斯
母性与生育、魔法女神

完美女性的典范伊西斯是盖布和努特的女儿，最终成为埃及最重要的神，有"比上万个神更聪明之神"和"比上千名士兵更厉害之神"之称。

●奥西里斯
冥王和丰饶之神

伊西斯的哥哥兼丈夫，被他的兄弟赛特杀害，后来被伊西斯复活。从此，奥西里斯成为冥王与掌管新生命和丰收之神。

●荷鲁斯
王权的象征

当荷鲁斯的父亲奥西里斯成为冥王时，荷鲁斯继承了他在尘世的王位，随后成为人类法老公认的神。

●赛特
风暴与混乱之神

赛特是一位复合神，他脾性暴躁，杀死了哥哥奥西里斯，最终奥西里斯的儿子和复仇者荷鲁斯在伊西斯的帮助下，击败了赛特。

●奈芙蒂斯
守护女神

她是大地之神盖布和天空女神努特的第四个孩子，哥哥赛特的妻子。但在大多数情况下，她都与姐姐伊西斯一起守护国王和死者。

古埃及的动物崇拜

埃及人非常崇敬自然，甚至还把拥有灵魂的动物视为神祇供奉。目前已知早在公元前4000年左右，埃及就已有一门艺术——将各种动物葬于人类墓穴，体现出动物与人类的关系，而这种关系也成为埃及宗教的组成部分。

人们可以把神祇描绘成某种动物，也可以描绘为和戴面具的祭司一样的顶着动物头的人类（拟人）形象。许多神都会有一种神兽作为身份的象征，这种神兽生前受人敬拜，死后被制成木乃伊。

其中最著名的便是孟菲斯的公牛阿匹斯，被公认为造物主神普塔生前的灵魂所在，死后被奉为冥王奥西里斯，同时选出下一头公牛传承使命。其他地方除了崇拜神圣的公牛和奶牛，还会崇拜其他神兽。比如象征国王权力的鳄鱼神索贝克，象征造物主克奴姆的公羊神，象征猫神巴斯泰托的猫，以及象征透特神的朱鹮和狒狒。上百万的神兽死后被制成木乃伊，既彰显了神力，也象征着埃及对动物的崇拜。

● 普塔
造物神、工匠与艺术家的保护者
普塔是造物神，也是工匠与艺术家的保护神。他在孟菲斯的神庙被称为"普塔灵魂之家"，可转写为"hut-ka-ptah"，"Egypt"（埃及）一词就是由此演变而来。

● 透特
智慧与月亮之神
透特身为智慧之神、月亮之神兼众神的书史，有着一个朱鹮的头，弯弯的喙代表新月。相传他发明了埃及的象形文字，为人类带来了知识。他的主要供奉地是赫尔摩坡里斯。

● 奈斯
狩猎女神
好战的奈斯的象征物是一只盾牌，上面交叉着两支箭，人称"弓箭之主"，她的主要供奉地是尼罗河三角洲的塞易斯地区。

● 阿蒙
底比斯之神
阿蒙最初是底比斯当地的主神，名字意为"隐藏者"；后与太阳神拉结合形成阿蒙拉，成为众神之王和埃及国家神。

● 哈索尔
爱与美的女神、女性的保护神
哈索尔的形象经常是一头母牛或一个长着牛耳朵的女人，象征着快乐和喜悦。她关怀苍生，同情死者。

● 塞赫美特
毁灭女神
母狮神塞赫美特司掌毁灭力量，在国王战斗时提供保护。当她化身为巴斯泰托猫女神或家园保护神时，她的身体就会变小，性格也会更加温和。

> 神可以是人或动物，也可以是有动物头的人。

● 阿努比斯
防腐与冥界之神
形象为黑色胡狼的阿努比斯是墓地的守护者、防腐之神，他负责审判死者是否有进入死后世界的资格，引导他们的灵魂进入来世。

● 塔沃瑞特
守护家庭和新生儿的女神
塔沃瑞特是一位挥舞着大刀、长着河马头的女神，她是家庭、妇女和儿童的守护神，在女人分娩遇到危险时会吓跑恶灵。

● 贝斯
保护分娩与家庭之神
形似矮人的分娩与家庭之神贝斯，与塔沃瑞特一起保护妇女和儿童。塔沃瑞特随身带刀用于保护，贝斯随身带着乐器取乐众生。

● 玛阿特
真理与正义女神
玛阿特维持宇宙平衡，鸵鸟羽毛是她的象征，用来衡量死者的心，评判他们是否有获得来生的资格。

身披长袍或斗篷，只是如今演变成裸体青年的形象。新奇的是，赫尔墨斯也以魔法而闻名，据说这是因为只要戴上他的头盔，就可以隐身；他还给了奥德修斯一种神奇的植物，使其免受女巫瑟茜的攻击。此外，赫尔墨斯在亚历山大大帝公元前323年去世后越发出名，相关传说也多有修饰，开始受人追捧称赞。人们认为赫尔墨斯作为使者能够在看得见的和看不见的世界之间担当中介，所以和埃及的透特神一样可以使用占卜与魔法。

于是，希腊神与埃及神两位神祇合二为一。到1世纪中叶，受埃及众神联合思想的影响，人们将透特尊称为"三倍伟大的赫尔墨斯"。后世普遍认为这一说法最早见于雅典人雅典那哥拉（Athenagoras）的著作和比布罗斯的腓罗（Philo of Byblos）的一段文字中，但也有人认为其最早出现在公元前2世纪埃及的邪教著作中。虽然至今尚不知晓"三倍伟大"的确切含义，但可理解为最伟大的哲学家、最伟大的祭司、最伟大的国王，这也是人们信仰他的原因。于是，透特的三个神性与赫尔墨斯的神性结合，诞生出一个更为复杂的神祇——赫尔墨斯·特里斯墨吉斯忒斯。其中的"特里斯墨吉斯忒斯"（Trismegistus），有"三"的含义，体现三位一体的神性。如10世纪拜占庭学术百科全书《苏达辞典》（Suda）就是这样解释的。由此可以理解基督教是如何使上帝、耶稣和圣灵保持一种独立而又紧密的关系的。

赫尔墨斯·特里斯墨吉斯忒斯推动了哲学、魔法和占星术的发展，更是被认为开创了迄今为止最神秘的哲学——炼金术。不过，关于赫尔墨

斯·特里斯墨吉斯忒斯的身世，历史上一直众说纷纭。有许多人认为他是一个真实存在的人物——一位与亚伯拉罕同时代的睿智先知；有人认为他还向亚伯拉罕传授过神圣的知识；有人认为他在摩西时代之前，就在埃及各地游荡；有人认为他是众多先知中的一员，受上帝的意旨传播上古神学。总之，虽然赫尔墨斯·特里斯墨吉斯忒斯的形象一直蒙着一层神秘的面纱，但人们坚定地认为他是普及神圣知识和仪式规范的功臣。

赫尔墨斯·特里斯墨吉斯忒斯被认为撰写了无数本展露古代智慧的著作。许多人指出归属透特名下的42本书就是出自他手。柏拉图也曾记述尼罗河三角洲塞易斯（Sais）城奈斯（Neith）神庙里的一个厅堂承载了过去9000年的智慧，其中一些书被统称为《赫尔墨斯文集》，以一位大师与学生对话的形式详细介绍了魔法、宇宙和灵魂的知识。这位大师就是赫尔墨斯·特里斯墨吉斯忒斯本人。这部作品介绍了神奇的植物和宝石、护身符的制作、灵魂的召唤、占星术和星星的绘制，奠定了赫尔墨斯主义的基础。《阿斯克勒庇俄斯》（Asclepius）是《赫尔墨斯文集》中最重要的文本之一，介绍了如何将恶魔和灵魂封印在雕像中。《赫尔墨斯文集》的第一章被称为"人类的牧人"，详细描述了上帝之子创造世界的过程，不禁使人联想到《圣经》中的《创世记》。人们通常认为这些文本成书于100年至300年，大致分为哲学和魔法两类。赫尔墨斯主义一心希望通过巫术宗教的实践来打破肉体的限制。自希腊化时期起，这些与柏拉图主义和斯多葛学说有关的教义流行开来，并受到犹太和波斯的影响。随着中世纪炼金术的复兴，赫尔墨

在埃及的创世神话中，透特为一年增加了五天，从而使盖布和努特得以生育繁衍出更多的神。

▲ 这张赫尔墨斯·特里斯墨吉斯忒斯的图片出自1624年出版的炼金术著作《炼金术百科全书》(*Viridarium Chymicum: The Encyclopedia of Alchemy*)

▶ 阿努比斯与希腊神祇赫尔墨斯结合形成赫曼努比斯，成为真理与祭司之神

▲ 希腊神赫尔墨斯——宙斯之子

▲ 意大利锡耶纳大教堂大理石地面上刻画的赫尔墨斯·特里斯墨吉斯忒斯的形象

炼金术研究如何将一种物质转化为像黄金一样的另一种物质？

克劳利的透特塔罗牌

1969年发行了一套透特塔罗牌，虽然此时两位作者都已去世。在1938年到1943年，阿莱斯特·克劳利（Aleister Crowley）出版了《透特之书》，随后芙瑞妲·哈利斯（Frieda Harris）女士按照克劳利的神秘指示绘制出一副塔罗牌，与书配套。受到各种神秘体系、哲学思想和科学知识的启发，每张塔罗牌的每幅图画都旨在为传统赋予新的活力与意义，并将之作为"黄金黎明赫尔墨斯修会"所有会员精神之旅的一部分。克劳利更改了许多主要的大阿尔克那牌（Major Arcana）的名称，并将宫廷牌中的一些牌面重新命名为"公主"，将骑士牌命名为"王子"。这副牌与其他牌的另一个显著区别是克劳利以《律法之书》（*Book of the Law*）中的教义为基准，根据自己对卡牌象征意义的解读，修改了相应的希伯来文字母和卡牌中占星之间的关联。他还为每张小阿尔克那牌（Minor Arcana）起了一个标题。然而，即便有书做参考，这套透特塔罗牌仍因过于神秘、难以解读而臭名昭著。目前塔罗牌专业出版商美国游戏公司仍在销售克劳利透特塔罗牌的修改版，其中包括两张由芙瑞妲·哈利斯女士绘制、但克劳利没有同意使用的原始牌。

▼ 今天，透特塔罗牌仍广受欢迎，人们认为其中蕴含着伟大的占卜智慧

斯主义的影响一直持续到文艺复兴时期。

数百年间，世间出现了各种关于赫尔墨斯·特里斯墨吉斯忒斯行踪的传说。有人说他化身为先知伊德里斯出现在阿拉伯文学中，被由阿拉伯哲学家组成的秘密团体"精诚兄弟社"记录下来。更有甚者，宣称他从埃及出发，拜访了外太空中的先进族群，甚至游历了天堂，最后回到了地球；他还因在吉萨建造金字塔而备受赞誉。有人认为这些传说被刻在翡翠石板上的《翠玉录》(*Emerald*) 收录，而《翠玉录》也是赫尔墨斯·特里斯墨吉斯忒斯本人所作，其中记载了与"原初物质"和哲人石相关的秘密。尽管人们尚不知晓《翠玉录》的来源，但有一点可以确定，由于6世纪至8世纪期间成书的阿拉伯文学作品巴利纳斯的《造物之秘》(*The Book of Balinas the Wise on the Causes*) 曾首次提及《翠玉录》，因而《翠玉录》成书时间要早于6世纪。此外，相传翡翠石板发现于堤亚纳城，城中一座赫尔墨斯雕像下有一个金色的宝座，上面坐着一具尸体，怀里抱着的正是这块石板。不过，直到12世纪，《翠玉录》才被翻译成拉丁文。艾萨克·牛顿翻译的一个版本被后世的神秘主义学者广泛采用，至今仍很流行。

虽然人们认为这些文字以及赫尔墨斯·特里斯墨吉斯忒斯属于古代，但17世纪日内瓦语文学家伊萨克·卡素朋（Isaac Casaubon）通过分析其中使用的语言，发现这些文字确实比人们所认为的要晚得多，而且并非神秘先知所写。这一观点随后也饱受质疑。总而言之，这些古老的先知书似乎是许多1世纪、2世纪及之后的作者

> "大宇宙与小宇宙"理论讲述了宇宙中普遍存在"部分反映整体"的现象，亦即《翠玉录》中的著名观点"如其在上，如其在下"。

用埃及-希腊文撰写的，其中包含了早期埃及传统中的信仰和记载，与透特神紧密相连；同时引入了希腊思想。其初衷是为了实现社会融合的政治目标，使埃及人接受新的统治者。在当时的历史背景下，托勒密一世急需树立起一个像赫尔墨斯·特里斯墨吉斯忒斯这样的人物，将不同的思想凝聚在一起，巧妙地将其包装成这一思想体系中的核心人物。虽然人们十分质疑赫尔墨斯·特里斯墨吉斯忒斯其人及其著作是否真实存在，大多数学者甚至坚决认为他是虚构的，但毫无疑问，他的影响已穿越时空，引发出诸多联想，创造出一个至今仍受无数人信奉的神秘学说。

► 这幅画现藏于伦敦的大英博物馆，画中的埃及法老是托勒密一世

四大元素

四大元素复杂、多面的属性是炼金术思想和实践的关键

保罗·沃克－埃米格（Paul Walker-Emig）

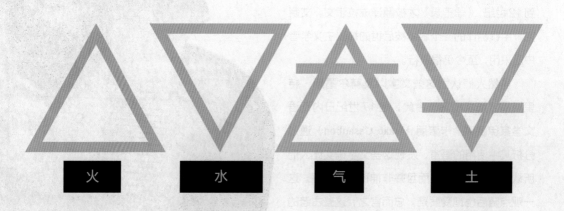

▲ 这是四大元素在炼金术中对应的符号，从左到右依次为火、水、气、土

▲ 这是亚里士多德的半身像，他给四大元素赋予属性，这一观点一直为炼金术界所继承

土、水、气、火四大元素自古时起便进入了人们的日常生活，至今仍深深植根于现代文化中，具有很强的生命力。

早在炼金术出现之前，许多哲学和原始科学文化便已提出了基本元素的概念，其中尤以古希腊为盛。古希腊哲学家恩培多克勒（Empedocles）在公元前450年左右提出了"四根说"，即所有物质都是由四种元素构成的。后来，亚里士多德进一步阐述了每种元素都有干湿和冷热两种属性，比如水性湿冷，火性干热，土性干冷，气性湿热。

今人从化学角度看待铅或氢等元素，但古希腊人和许多炼金术士却并非如此，他们更倾向于讨论四大元素的属性，而非元素本身。此外，我们也不能只从字面意思理解，而是要研究其中蕴含的哲学思想、寓言意义，这些方面贯穿炼金术的发展始末。当然，一些炼金术士也为四大元素赋予某些神秘的解释。

比如，德高望重的阿拉伯炼金术士贾比尔·伊本·海扬同意亚里士多德提出的铅的外在属干冷、金的外在属湿热等观点。就像水加热后蒸发为气，事物可以从属冷转化为属热，贾比尔认为改变元素属性就可以将一种金属转变为另一种，并开始通过实验寻找改变元素属性的方法，由此开创了一种全新的炼金术传统。

四大元素为构成宇宙之本的思想引发欧洲中世纪炼金术的重视，并为其赋予了更为丰富的精神内涵。13世纪的炼金术士大多认为若是能操控金属，同理也可以净化灵魂，与上帝归一。

▶ 这幅木刻画出自于卢修斯·德赖伦（Lucretius De rerum）1472年出版的《自然书》（Natura），画中展示了恩培多克勒阐释的四大元素

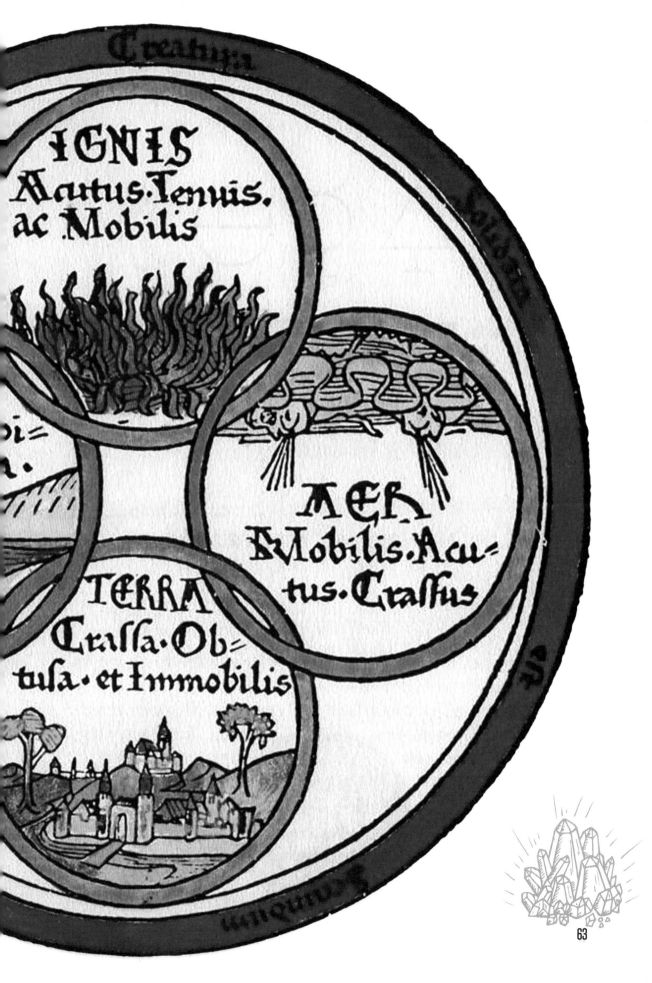

"三元素"论

汞、硫、盐三元素成为炼金术实践与理论发展的基石

保罗·沃克-埃米格

在阿拉伯黄金时代，炼金术士提出并完善了"三元素"论。其中以贾比尔·伊本·海扬最为出名，他在四大元素的基础上增加了汞和硫。当时他对汞、硫的认识与今人不同，是用汞表示金属特性，硫表示燃烧原理，后来又用盐表示固体状态。

欧洲中世纪炼金术士在深入研究和发展阿拉伯炼金术士的成果后，厘清并正式定义了土、水、气、火四大元素，以及汞、硫、盐三元素，并且仍然认为汞与流动性有关，硫与燃烧有关，盐与固态有关。

尽管如此，"三元素"论随着时间的推移也发生了变化，加之其字面意思与寓言意义差异甚远，确定三元素的含义实属不易。不过，可以肯定的是欧洲历史上确实有很多炼金术士受贾比尔·伊本·海扬等的启发，认为三元素构成万物之本，而金属的形态取决于其中汞和硫的平衡。一些人认为只要能找到其平

全书100页的《太阳的光辉》是"有史以来最美丽、最辉煌的炼金术专著"。

衡点，哲人石也就唾手可得了。

此外，"三元素"论还兼具象征意义或精神联系。比如，汞对应精神或思想，硫对应灵魂和情感，盐则对应身体和物质。

"三元素"论还可应用于医学实践。16世纪的瑞士炼金术士帕拉采尔苏斯认为保持体内平衡至关重要，而三元素产生的毒物是诱发疾病的原因，所以明确疾病涉及的元素将有助于身体的康复。

"三元素"论灵活多变，具有很大的解释空间，所以虽然炼金术士在化学实验中苦苦寻觅哲学寓言、思想和灵魂上的共鸣及诊断治疗的器具，但从未撼动过"三元素"论在炼金术中的基石地位。

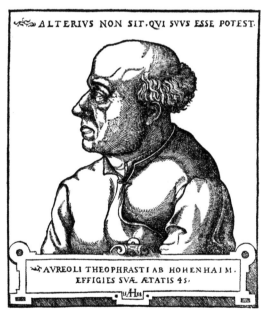

▲ 瑞士炼金术士帕拉采尔苏斯在医学实践中运用了三元素，这是奥古斯丁·希斯彻沃格（Augustin Hirschvogel）在1538年为他创作的肖像画

◀ 这只三头怪物出自所罗门·崔斯莫森（Salomon Trismosin）的《太阳的光辉》，代表着汞、硫、盐以及其产物哲人石

七大行星

古代炼金术士认为"七大行星"分别对应着某种金属

波普伊－杰伊·帕尔默（Poppy-Jay Palmer）

"行星"一词源自古希腊语，意为"四处漫游的天体"。

▶ 炼金术士相信每颗在地球上肉眼可见的行星都对应着某种金属

STELLATI
ANI HÆMI
POSTERIUS.

浩瀚的太阳系由八颗行星组成（只能向冥王星说声抱歉），但自古以来地球上的人类肉眼只能看见其中的水星、金星、火星、木星和土星。这五颗行星，连同月球和太阳，共同组成了古人所谓的"七大行星"，在自然科学和古代炼金术中发挥着关键的作用。

人们认为炼金术与传统的巴比伦-希腊式占星术联系紧密，二者相辅相成，可以探索不为人知的知识。"七大行星"分别对应着某种金属，内涵丰富。

太阳对应金，月球对应银，水星对应汞，金星对应铜，火星对应铁，木星对应锡，土星对应铅。这种对应关系一直沿用至今。

基于此，人们认为"七大行星"中的每一颗都能控制其对应的金属。

一些炼金术士汲取了卡巴拉教等西方神秘学说的传统，进一步将"七大行星"与人体内的重要器官一一对应。比如，太阳与心脏对应，月球与大脑对应，水星与肺对应，金星与肾脏对应，火星与胆囊对应，木星与肝脏对应，土星与脾脏对应。"七大行星"也被分别赋予了单独的符号或铭文，一直沿用至今。如一个圈围着一个点象征着太阳，这个符号在文艺复兴时被首次使用；月球是一个黑色的新月；水星的符号出自蛇杖上缠绕的蛇；金星是一个下面为十字架的小圆圈，如今代表女性；火星是一个带有箭头的圆圈，如今代表男性；木星是希腊字母"zeta"（代表宙斯）右侧有一条竖线；而土星的符号曾是一把镰刀，现在是希腊字母"eta"上面有一条横线。

太阳与心脏对应，月球与大脑对应，水星与肺对应，金星与肾脏对应，火星与胆囊对应，木星与肝脏对应，土星与脾脏对应。

▶ 所谓"七大行星"分别是水星、金星、火星、木星、土星、月球和太阳

转化

历代炼金术士都在寻找创造黄金的秘诀

保罗·沃克－埃米格

转化即将贱金属转变为金银等贵金属，是炼金术的核心。人们对于这一过程有多种称呼，如哲人石、炼金转化或"杰作"（拉丁语Magnum Opus）等。炼金术士一直对此孜孜以求，一些人声称已经梦想成真。

帕诺波利斯的佐西莫斯在公元300年首次提出了转化的各个阶段，为随后数百年早期炼金术士奠定了操作范本。

转化分为四个阶段，首先是黑化，即将原料加热提炼，形成一种黑色物质（黑土）。其次是白化，即进一步提纯，清除杂质，得到白垩。然后是黄

化学之父贾比尔·伊本·海扬发明了已知最古老的化学物质分类方法。

▲ 这是一幅17世纪的版画，画中一对男女跪在熔炉前等待转化的发生

在阿拉伯和欧洲的炼金术传统中，转化是关键。贾比尔·伊本·海扬将转化思想带到了欧洲。

化，即使物质变黄。最后是赤化或赤成，即使物质变红，这也标志着贵金属转化的完成，最终得到黄金。

在阿拉伯和欧洲的炼金术传统中，转化是重中之重。"转化"思想借由贾比尔·伊本·海扬的著作从阿拉伯世界传播到欧洲，引发欧洲人的进一步研究。比如，13世纪大阿尔伯特撰写的《论矿物》（*Book of Minerals*）就紧密围绕转化；而17世纪的尼古拉·勒梅（Nicolas Flamel）也编写了转化的工序，只是并未明示具体的做法，这倒也不足为奇。

有时，转化也会引发争端。1317年，教皇若望二十二世（Pope John XXII）就颁布法令，禁止转化炼金，斥责炼金术士以伪金相许，欺骗

▲ 这是一幅1503年的木刻画，画中的炼金术士正在转化金属

剥削穷人。教皇对于某些炼金术士恶行的指责并非空穴来风，这些恶行甚至招致了炼金术士同行的批评。16世纪的炼金术士米歇尔·梅耶（Michael Maier）和海因里希·昆哈特（Heinrich Khunrath）指摘这些虚假的转化只会适得其反。

转化既指字面意义上的创造黄金，也指在思想或灵魂上达到某种平衡、完整或受到启发。比如，黑化象征了旧自我的死亡，白化代表净化，黄化代表光明或新的觉醒，赤化则代表这一过程的完成。可见，转化也可与灵魂相联系。于是，一些炼金术士认为掌握金属转化就能改变灵魂。

▲ 这幅画出自所罗门·崔斯莫森的《太阳的光辉》，骑士胸前的黑色、白色、黄色和红色，分别代表转化的四个阶段

符号和秘密

神秘的符号隐含着炼金术的大秘密

保罗·沃克－埃米格

符号总是那么耐人寻味。炼金术中使用的符号既能表示不同的元素和过程，还可防止外行获取信息。不过，这也为炼金术蒙上了神秘的面纱。这些神秘的符号十分费解，不禁让人想到神秘的密码、阴谋和古老的秘密，外行自然无从得知其中深意。幸运的是，我们可以助你一臂之力。

符号是元素、过程、单位的浓缩，每个基本元素都有自己的符号。人们用三角形和倒三角形的符号变化表示土、水、气、火，而汞、硫、盐也有相应的符号。七种金属对应七个"行星体"，

铅对应土星，锡对应木星，铁对应火星，汞对应水星，金对应太阳，银对应月球。

像砷和锌等"经典单质"以及一些关键化合物等也有相应的符号，比如"Aqua fortis"便是硝酸，"sal ammoniac"就是嗅盐（即氯化铵）。

此外，炼金术士还发明了诸如磅、英钱之类的单位符号。同时，还有一些表示过程的符号，它们与黄道符号相对应，比如蒸馏对应处女座、发酵对应摩羯座。不同的组合表示不同的配方，或指代工序的不同步骤，抑或某种物质创造的过程。

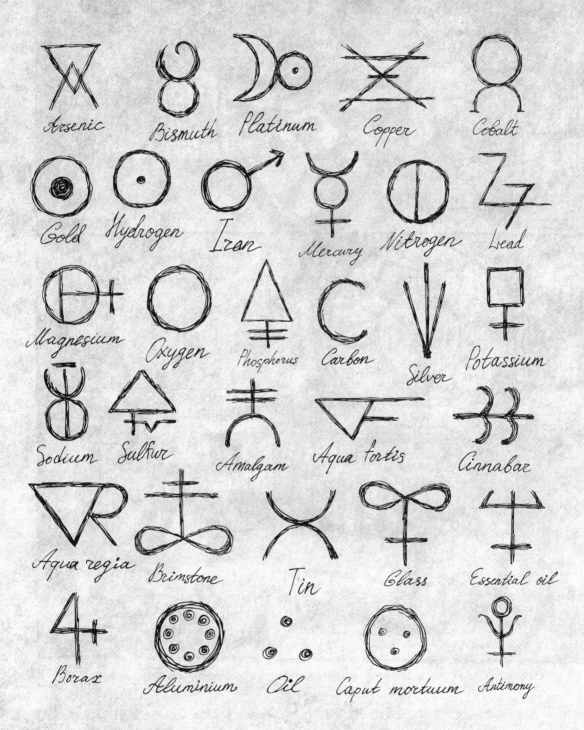

Arsenic Bismuth Platinum Copper Cobalt

Gold Hydrogen Iron Mercury Nitrogen Lead

Magnesium Oxygen Phosphorus Carbon Silver Potassium

Sodium Sulfur Amalgam Aqua fortis Cinnabar

Aqua regia Brimstone Tin Glass Essential oil

Borax Aluminium Oil Caput mortuum Antimony

▲ 炼金术士将炼金秘诀隐藏于密码符号之间

▲ 库斯特斯（R Custos）在1616年创作的雕刻画，描绘了炼金术著作中表示元素的典型象征结构、混合图像、图表和符号

然而，炼金术士也会故意使用一些只有内行才不会被蒙蔽的符号，并将符号与暗语、寓言意象、复杂图表及其他作品中的典故混合在一起，外行读起来自然一头雾水。这样做既是为了隐藏秘密，也是为了启智，只有从懵懂无知到满腹经纶，才能以如此复杂的方式编纂和解读文本。

用希腊文撰写的《苏达辞典》收录了三万多个条目，书名中的"苏达"一词由拜占庭希腊语中的"堡垒"演变而来。

▲ 据说佐西莫斯生活在希腊化埃及时期，当时正是炼金术的黄金时代

帕诺波利斯的佐西莫斯

佐西莫斯是西方传统意义上的第一位炼金术士吗？
最古老的炼金术著作是出自他手吗？

迪伊·迪伊·谢内

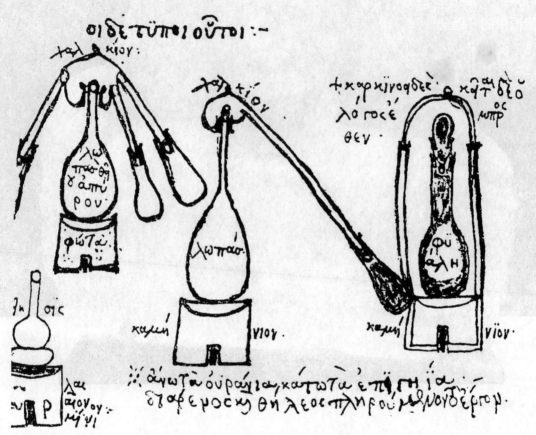

▲ 这是佐西莫斯的炼金装置草图，出自巴黎希腊抄本。不过，因图文不符，草图中存在诸多问题

据说著名的希腊化埃及炼金术士帕诺波利斯的佐西莫斯生活在3世纪末到4世纪初。有些人声称西方炼金术的起源最早可以追溯至佐西莫斯生前600年由马其顿帝国推动的希腊化时期，但更多人则认为佐西莫斯才是炼金术界的第一位专家。

关于佐西莫斯的生平，历史记载语焉不详。比如，10世纪编撰成书的拜占庭百科全书《苏达辞典》中出现了佐西莫斯的名字，其中记述他来自亚历山大港。但其他史料则要么说他来自底

比斯，要么说来自帕诺波利斯。这可能是因为他曾在亚历山大住过一段时间，导致后人认知的混乱。确定出身尚且如此困难，拼凑出其完整形象进而评析其著作对炼金术思想的影响的难度便可想而知了。

7世纪或8世纪，40位作者撰写的炼金术著作在君士坦丁堡被集结在一起，其中便包括佐西莫斯的作品。但是，由于他的作品已同其他作家的作品交织在一起，他的一些存世作品也损坏散轶，所以从上述著作集中筛选出他的作品已非

▲ 佐西莫斯的作品改变了阿拉伯炼金术传统，尤其对穆罕默德·伊本·乌迈勒（Muhammed ibn Umail）产生巨大影响。不过，专家认为某些阿拉伯炼金术作品可能是伪作

易事。不过，仍可将他在著作集中的作品大致分为如下几类：真实回忆录（The Authentic Memoirs）、论仪器和熔炉（The Chapters to Eusebia）、关于西奥多（The Chapters to Theodore）以及最后倒计时（The Final Count），等等。其中一些作品还被译成阿拉伯文、拉丁文及叙利亚文。

此外，许多人甚至认为现存最古老的炼金术作品《手作之物》（Cheirokmeta）也出自佐西莫斯之手。如《苏达辞典》就把该书以及其他27本书都归于佐西莫斯名下。不过，这些书已不复

存在，只有从后世关于佐西莫斯和其他作家的典故中略窥一二。

佐西莫斯侧重于发明实验仪器，还曾详细描述用于转化金属和其他物质的"圣水"。

后世普遍认为炼金术在佐西莫斯之前侧重技术，而佐西莫斯创造性地将神秘主义与应用技术相结合，从而从精神层面对炼金术展开研究，关注到物质转化和人性与神性之间的相似之处，所以于他而言炼金也可提升和改变人性。

炼金术之母

早期的炼金术士中还有两位女性

威洛·温姗姆（Willow Winsham）

回望炼金术思想发展的悠久历史，人们认为早期炼金术思想和信仰的准则是由几位知名女性建构起来的。

克莱奥帕特拉被认为生活在3世纪的希腊。她可能是一位哲学家、作家，但从通行的名字"Cleopatra the Alchemist"来看，她还是一位炼金术士。不过，克莱奥帕特拉或许只是笔名，可能是一个人，也可能指代一批作家。后世相信克莱奥帕特拉作为几位技艺高超、能炼出哲人石的女炼金术士之一，发明了蒸馏器。

克莱奥帕特拉最重要的文献《克莱奥帕特拉的炼金嬗变》（Chrysopoeia of Cleopatra）只是一张满篇符号的纸，内含象征着铅转化为银的八面星和新月，以及象征永恒的衔尾蛇——一条吃自己尾巴的蛇。

另一位女炼金术士是犹太人玛丽，甚至还被附会成柏拉图的女儿。作为西方首批炼金术士，她生活年代较早，后世对其生活年代争论不休，绝大多数史料表明她生活在1世纪至3世纪。

遗憾的是，玛丽的作品未能流传下来。据说帕诺波利斯的佐西莫斯在4世纪的著作中详细记录了玛丽的实验和发明，后世方才对她有所了解。此外，8世纪拜占庭编年史家侍徒乔治笔下及10世纪阿拉伯的《群书类目》（Kitāb al-Fihrist）等著作中也都曾言及玛丽，后者还将她列为52位最著名的炼金术士之一。

值得一提的是，玛丽留下了诸多发明。除了对立统一等概念外，她的发明还有一种带有三个支臂的蒸馏器；一种在实验过程中加热配料的气密容器；还有一种俗称"玛丽的浴缸"的双层水浴器，在文火加热方面发挥了很大作用。

另有传言说玛丽发现了盐酸，但尚无确凿证据，因此尚未得到科学界的认可。

阿拉伯黄金时代

与先前西罗马帝国的灭亡境遇不同，
阿拉伯世界在医学、哲学、炼金术等
领域成果斐然

波普伊－杰伊·帕尔默

在阿拉伯黄金时代，巴格达成为文化和商业中心，由此彻底改造了中东文化

85

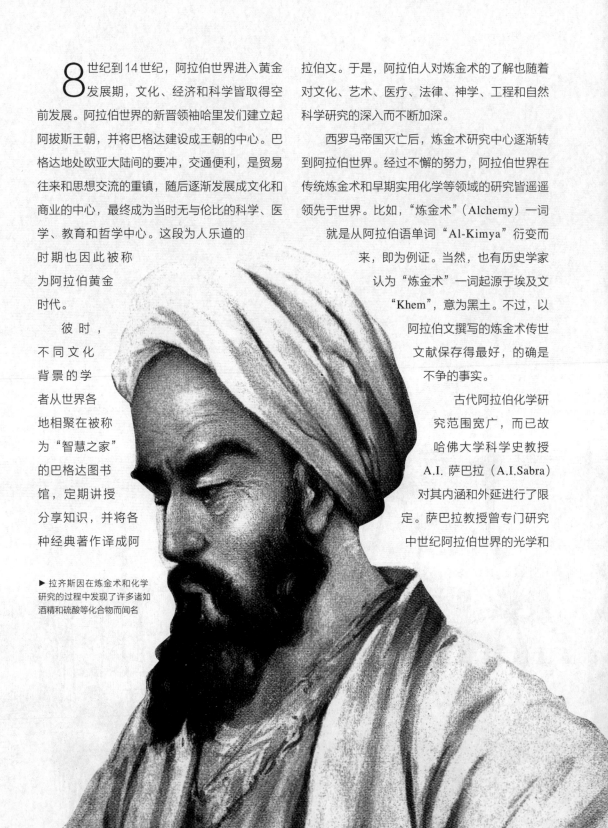

8世纪到14世纪，阿拉伯世界进入黄金发展期，文化、经济和科学皆取得空前发展。阿拉伯世界的新晋领袖哈里发们建立起阿拔斯王朝，并将巴格达建设成王朝的中心。巴格达地处欧亚大陆间的要冲，交通便利，是贸易往来和思想交流的重镇，随后逐渐发展成文化和商业的中心，最终成为当时无与伦比的科学、医学、教育和哲学中心。这段为人乐道的时期也因此被称为阿拉伯黄金时代。

彼时，不同文化背景的学者从世界各地相聚在被称为"智慧之家"的巴格达图书馆，定期讲授分享知识，并将各种经典著作译成阿

▶ 拉齐斯因在炼金术和化学研究的过程中发现了许多诸如酒精和硫酸等化合物而闻名

拉伯文。于是，阿拉伯人对炼金术的了解也随着对文化、艺术、医疗、法律、神学、工程和自然科学研究的深入而不断加深。

西罗马帝国灭亡后，炼金术研究中心逐渐转到阿拉伯世界。经过不懈的努力，阿拉伯世界在传统炼金术和早期实用化学等领域的研究皆遥遥领先于世界。比如，"炼金术"（Alchemy）一词就是从阿拉伯语单词"Al-Kimya"衍变而来，即为例证。当然，也有历史学家认为"炼金术"一词起源于埃及文"Khem"，意为黑土。不过，以阿拉伯文撰写的炼金术传世文献保存得最好，的确是不争的事实。

古代阿拉伯化学研究范围宽广，而已故哈佛大学科学史教授A.I. 萨巴拉（A.I.Sabra）对其内涵和外延进行了限定。萨巴拉教授曾专门研究中世纪阿拉伯世界的光学和

فاذا زاد العصير نصفه فهذا الشراب موافق لوجع الحلق والجنب والرئتين

والاسرا والرائق ولزبته لغم غليظ فحلقه يصفى اللون وكثر النوم

وليست له غائلة موافق للمثانه والكلا م ع ع

صنعه شراب للزكام والسعال

ووزن البطراق استرخا المعده خذ مرتبع اوقيه واصول سوس ثم اوقيه

وفلفل ابيض ربع ثمن اوقيه دقه جميعا واربطه خرقه واجعله فيه اتاط شراب

طيب وانركه تلته ايام ثم رصفه وارفعه في آناء نطيف اشربه منه بعد العشا

科学史，并在《定位阿拉伯科学：位置与本质》（*Situating Arabic Science: Location versus Essence*）一文中将阿拉伯科学描述为居住在阿拉伯文明区域的人们在8世纪到早期现代之间所从事的科学研究和活动；从地理上讲，彼时的阿拉伯文明区域涵盖伊比利亚半岛、北非到印度河流域，阿拉伯南部到里海的广阔区域。彼时的研究与发现也多以阿拉伯文表述。而研究金属转化的古代阿拉伯炼金术自然是阿拉伯化学的特别分支。

虽然不同区域具有各异的文化传统，但中世纪阿拉伯世界的科学常与西方世界不谋而合。公元前3世纪亚历山大大帝的征服与随后执政者的允许，推动了东西方社会间文化、宗教和科学等领域的频繁交流。如今天的伊朗和伊拉克等地区，彼时随之成为基督教、摩尼教和琐罗亚斯德教等宗教的中心，鼓励人们识字、交流思想以便阅读宗教圣书已成潮流。虽然阿拉伯炼金术隶属科学研究，但它葆有的神秘性和宗教性使东方炼金术完全独立于西方基督教熏陶下的科学研究。东西方炼金术士如西方的赫尔墨斯·特里斯墨吉斯忒斯和阿拉伯的贾比尔·伊本·海扬，都撰写了大量炼金术著作，后者的《贾比尔文集》（*Jabirian Corpus*）涉及宇宙论、哲学、医学、炼金术、占星学及魔法在内的各类学科。而倭马亚王朝王子哈立德·伊本·亚连德（Khalid ibn Yazid）的著作也是被译成拉丁文的首部阿拉

▲ 阿拉伯黄金时代，贾比尔·伊本·海扬和哈立德·伊本·亚连德引领着炼金术的发展和研究

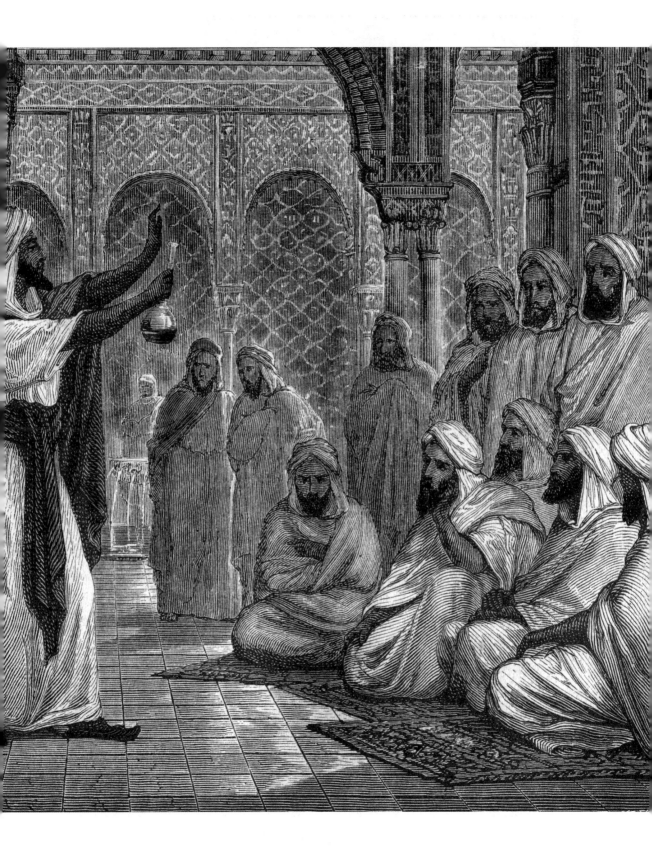

▲穆罕默德·伊本·乌迈勒·塔米尼善于研究炼金术中的符号，具有深远的影响

伯文炼金术著作。

左农·米斯里（Dhūl-Nūn al-Misri）虽然名气不如上述诸位大，但作为早期研究炼金术、医学和希腊哲学的埃及神秘主义者和禁欲苦修者，广为阿拉伯世界思想家称赞。由于精通巫术，他应该通晓埃及象形文字。此外，他的格言和诗歌意象神秘宏大，广为传颂且经久不衰，因而广受好评。虽然关于他的生平充满了神秘色彩，但可以肯定的是他与贾比尔一样都是著名的炼金术士。

阿拉伯著名的炼金术士还有阿布·贝克尔·穆罕默德·伊本·扎卡里亚·拉齐，欧洲人称其为拉齐斯。身为博学家、哲学家的他，在医学方面也做出了奠基性贡献，因而名垂青史。比如，他围绕天花和麻疹的症状撰写了该领域的开山之作；针对眼科学或眼科疾病的诊断和治疗，他撰写了详细的指南；此外，他还首次发现了瞳孔对光反应等。这些医学著作在被翻译后，流传到欧洲临床医生手中，对西方的医学教育产生了深远的影响，成为当时西方大学医学课程的教材。

不仅如此，拉齐斯还发现了许多化合物和化学物质，在世界范围广受炼金术界的关注；他研

制的许多化学仪器也沿用至今。比如，他在改善蒸馏方法后制成了酒精和硫酸。他还坚信少数金属可以转化为金银，一些同时代的人甚至认为他已掌握了铁铜变金的秘密。他的很多观点在去世后经由伊本·纳迪姆撰写的《群书类目》一书中关于炼金术的章节得到印证。若想深入理解拉齐斯的炼金术思想，可以阅读他的传世著作，只是其中大多是用波斯文撰写的。

10世纪的炼金术士穆罕默德·伊本·乌迈勒·塔米尼（Muhammed ibn Umail al-Tamini）在著作中展示了炼金术不为人知的另一面。伊本·乌迈勒以隐居闻名，以致人们对其生平知之甚少，但从其著作中可知其出生于西班牙，父母为阿拉伯人，一家在埃及定居。

与研究冶炼和化学的炼金术士不同，伊本·乌迈勒专门研究神秘符号咒语，认为只注重字面意思理解是可悲的。他在《符号释义书》（*Book of the Explanation of the Symbols*）中强调圣人都是用符号表达思想，炼金术需要用更复杂的符号表达寓意。所以，他除了研究炼金术外，还是符号咒语的解释者，曾将专著《银水》（*Silvery Water*）供奉在埃及神庙。

黄金时代

　　用"黄金时代"来形容与欧洲中世纪同时期的阿拉伯文明看似言过其实，但事实上并不过分。黄金时代的确是与欧洲黑暗的中世纪相对而言。西罗马帝国灭亡后不久，欧洲便进入了黑暗时代，人口、文化和经济就此走下坡路。

　　"阿拉伯黄金时代"一词首次使用，是在东方主义视域下的19世纪阿拉伯文学作品中，其中的东方主义指西方美学潮流对东方文化的模仿及描绘。此外，该词还出现于1868年的《叙利亚和巴勒斯坦旅行者手册》（*Handbook for Travellers in Syria and Palestine*）中，其中称大马士革最美丽的清真寺"昙花一现"，是"阿拉伯黄金时代"的遗迹。

　　"阿拉伯黄金时代"还用于描述阿拉伯世界的军事成就，只是起止时间因语境而异。一些历史学家将其延长到哈里发帝国时期，也有人认为在正统哈里发大规模对外征服的几十年后，黄金时代随着哈里发乌马尔的去世走到终点。自20世纪下半叶以来，"阿拉伯黄金时代"多用于描述阿拉伯世界的文化史。

▲ "阿拉伯黄金时代"一词首次使用，是在东方主义视域下的19世纪阿拉伯文学作品中

哈立德传奇

集曾经的王子身份与永恒的传奇于一身的哈立德，
因促进首批阿拉伯文炼金术著作的译成而留名青史

迪伊·迪伊·谢内

传说哈立德·伊本·亚连德能言善辩，是一位优秀的法官，演讲时滔滔不绝

倭马亚王朝王子哈立德·伊本·亚连德（660—704）是公认的阿拉伯最早的炼金术士之一。他是倭马亚王朝第三任哈里发的弟弟，后者在他成年前就去世了。他没有选择继承王位，转而前往埃及学习研究炼金术这门深奥的学问。

普遍认为正是哈立德将亚历山大的炼金术带回到阿拉伯世界，并用阿拉伯文翻译了炼金术著作及其他由希腊和科普特作家撰写的医学和天文学著作。相传，他曾长途跋涉到异国他乡，寻找能够传授炼金术秘密的僧侣莫里努斯。不过，也有民间传说提及王子召集了许多希腊学者前来讲学，其中可能包括莫里努斯。关于莫里努斯是埃及人还是叙利亚人尚存争论，据说他曾跟随拜占庭皇帝，皈依默基特教会。

相传，莫里努斯将哲人石的秘密授予哈立德。但一些学者认为这不过是哈立德拒绝谋得王位的宣传手段。史料对于哈立德过度专注于"不可能的追求"，对王权漠不关心的记载，也印证了这一点。《炼金术构成之书》（*Liber de compositione alchimiae*）收录了莫里努斯与哈立德之间的往来书信，但信件的真实性也因该书成书较晚（17世纪或18世纪）而受到质疑。

以伊本·哈尔丁（Ibn Khaldūn）为代表的批判者认为在哈立德所处的时代，人们尚不知晓炼金术，于是对哈立德著作的真实性提出质疑。不过，也有人指出同样没有证据能够说明哈立德与炼金术无关。对此，学界尚无定论。

▲ 这是哈立德的父亲叶齐德一世（倭马亚王朝第二任哈里发）执政时期发行的一枚硬币

翡翠石板与《翠玉录》

这里真的隐藏着点石成金的秘诀，抑或启迪教化的钥匙？
这份炼金术最重要的文本到底隐藏着哪些秘密？

保罗·沃克－埃米格

数百年来，炼金术士反复推敲诠释翡翠石板上的文字——所谓《翠玉录》的含义，试图解开它背后蕴藏的秘密。15世纪的欧洲炼金术士大多认为这些文字记录了找寻哲人石的实验过程，以及实现点石成金的炼金秘方。不过，16世纪的炼金术士则选择从精神层面解读经文，认为这是在召唤天使，与上帝交流。

《翠玉录》的文本出自埃及－希腊文版本的《赫尔墨斯文集》，该书还有阿拉伯文、拉丁文和英文等多种译本，自2世纪以来一直被欧洲炼金术士奉为圭臬。

《翠玉录》的载体被称为翡翠石板或石板翡翠。

这是一幅15世纪的画作，画中人发现了让炼金术士痴迷数百年的翡翠石板

以下以艾萨克·牛顿的译本为例：

真实不虚，永不说谎，必然带来真实。

下如同上，上如同下；依此成全太一的奇迹。

万物本是太一，借由分化从太一创造出来。

太阳为父，月亮为母，从风孕育，从地养护。

世间一切完美之源就在此处；其能力在地上最为完全。

分土于火，萃精于糙，谨慎行之。

从地升天，又从天而降，获得其上、其下之能力。

如此可得世界的荣耀、远离黑暗蒙昧。

此为万力之力，摧坚拔韧。

世界即如此创造。

依此可达奇迹。

我被称为"三倍伟大的赫尔墨斯"，因我拥有世界三部分的智慧。

这就是我所说的伟大工作。

由于上述文本蕴含着统一原则、"四大元素"说和"三元素"论等理论以及丰富的隐喻和寓言，数百年来炼金术士一直在研究其中的奥义。

▲ 这是1609年的雕刻画，上面展示着翡翠石板与《翠玉录》的图画和文字

化学之父
贾比尔·伊本·伊本·海扬

生活在阿拉伯黄金时代初期的贾比尔·伊本·海扬，凭一己之力撕下炼金术的神秘主义外衣，将其变为一门科学

哈雷斯·阿尔·布斯塔尼（Hareth Al Bustani）

贾比尔·伊本·海扬（欧洲人称其"盖伯"）721年出生于横跨伊朗和中亚的呼罗珊。此时的阿拉伯帝国在倭马亚王朝的领导下，沿袭了萨珊王朝和拜占庭王朝高效的官僚制度，管辖着从西班牙到北非，再到中国边境的庞大地域，帝国的统治达到巅峰。然而，繁荣景象的背后暗藏危机。

随着非阿拉伯人对于倭马亚王朝的不满情绪日益高涨，被称为阿拔斯人的哈希姆家族意欲推翻倭马亚王朝取而代之，于是来到呼罗珊寻求支持。彼时，贾比尔的父亲海扬是一名也门药剂师，但选择支持阿拔斯人，于是背井离乡前往伊拉克库法密谋政变。倭马亚王朝听到政变的风声后，随即逮捕并处决了海扬，贾比尔被迫随家人逃回也门老家。尽管身处帝国的边缘地带，但年轻又好学的贾比尔有幸得到著名学者哈比·希米姆亚里（Harbi Al Himyari）的指导，沉浸在经文和数学的学习中。

750年，阿拔斯人终于推翻了倭马亚王朝，建立起阿拔斯王朝，并在泰西封附近——过去萨珊王朝的核心地带建立新都"麦地那·阿萨拉姆"，即"和平

Oraos alchimultar filiy atte
materia rem exqua trahit
lutio fit: tertium
materia lapidis:

ndite: vidite
ieos
inqua
inqua: remedio y se perficit

Heber:

phus:

Deus er natura no facunt frustra

RI OVRABETI

贾比尔创作了大量作品，从
形而上学和方法论两个层面
研究炼金术。他的才智与激
情因而相得益彰

12

人类如何复刻他一无所知的事物呢？

《贾比尔文集》和假盖伯

后世将上千本书归于贾比尔名下，冠名《贾比尔文集》，内容涉及炼金术、哲学、音乐、巫术等诸多领域。不过，人们认为《贾比尔文集》的大部分内容是由其弟子和传人在其去世后的二百年内所作。

他的几部作品收录于 10 世纪的畅销书《群书类目》，一部阿拉伯所有作品的索引。作者伊本·纳迪姆声称，虽然一些学者认为历史上根本就没有炼金术士，但他相信"这类人是真实存在的。炼金术相关书籍众多，远远超出了预估范围。一些作者对他们的叙述并不正确……只有真主知道真相"。

贾比尔的《炼金术构成之书》在 1144 年被译成拉丁文，迅速激起了欧洲人的兴趣。但欧洲人草率地认为这些中世纪的著作出自"苏菲"之手，直至 1678 年理查德·罗素（Richard Russell）在翻译《完美的太阳》（*Sun of Perfection*）时，才将作者署名为"盖伯，最著名的阿拉伯王子和哲学家"。

于是，贾比尔便被欧洲人称为"盖伯"，而因他的著作《石头之书》（*Book of Stones*）充满了深奥难懂的代码符号，仅限弟子才能解读，于是他的名字（Geber）便成为英语"gibberish"（意为"胡言乱语"）一词的词源。

▲ 贾比尔一生都在各地旅行，传播知识。这是一枚叙利亚邮票，上面印有他的肖像

之城"，也就是后来的巴格达。贾比尔随后搬回父亲在库法的家，来到著名学者、科学家贾法尔·萨迪格（Jafar Al Sadiq）的门下求学。彼时30岁左右的贾比尔开始研究炼金术、哲学、药剂学和天文学，学习希腊语，拜读柏拉图、苏格拉底、亚里士多德、毕达哥拉斯和德谟克利特的著作，以及堤亚纳的阿波罗尼乌斯的神秘主义思想。

同时，贾比尔还在老师的鼓励下开始研究从矿物、植物和动物中提炼出物质，遂对哈里发王子哈立德在 7 世纪撰写的著作产生兴趣，该书中提到了贱金属转化为黄金的思想。不得不说，贾比尔的一腔热情尽显时代精神。

为了巩固对原倭马亚王朝的统治，阿拔斯王朝不断开疆拓土，统治区域达罗马帝国两倍大，

吞并了世界上多个最伟大的学术中心，将知识遗产一并收入囊中。从希腊人在近东修建的图书馆到君迪沙浦尔（Jundishapur）的波斯学院，从埃及的冶金学家到大马士革的医生，这片由哲学、科学和数学滋养的沃土已经万事俱备，静待着开花结果。在阿拔斯王朝崛起的过程中，来自阿富汗东部的巴尔马克家族功不可没。哈立德·伊本·巴尔马克（Khalid ibn Barmak）因而被拔擢为大维齐尔（宰相），其子叶海亚（Yahya）则担任哈里发小儿子哈伦·拉希德（Harun Al Rashid）的老师兼养父。

后来，随着哈伦·拉希德继任哈里发，叶海亚也平步青云，官至宰相并掌管哈里发玉玺，成为阿拉伯世界最有影响者。叶海亚资助第一次将大量西方经典翻译成阿拉伯文，引进各国名

▲ 贾比尔把炼金术变成了一门科学，在实验室中解开了许多化学谜团，验证了理论假说

医，并安排人创作史诗。哈里发哈伦·拉希德也鼓励臣民钻研学习。正是在这一背景下，贾比尔开始从苏菲神秘主义中抽身，转为研究使炼金术真实可行的方法，他也由此成为照亮所在时代的明灯。

贾比尔的研究以亚里士多德的"四大元素"说为基础，进一步将矿物分为三类：第一类，精灵，指那些遇火会完全挥发的物质，包括硫黄、硫化砷、汞等；第二类，金属；第三类，矿体；后两者可被碾成粉末。他还提出"汞硫论"，认为金属是在地心内部由硫和汞形成和发育起来

的，推测硫的性质取决于"土壤的变化以及其在太阳温度影响下的位置变化"。

他认为结合后的汞和硫将一直保持"永恒的自然形式"，并写道："汞、硫各自的属性有所减弱，与对方的属性逐渐相似，从而达到物质的统一平衡。"并认为若是掌握了硫汞的正确配比，在热力的推动下就可以将金属转化为黄金。

贾比尔曾说："科学家之乐不在丰富的物质材料之中，只在于研究出非凡的实验方法。"后世的哲学及医学界正是在他的理论与实践的基础上，建立起实验室研究各种物质的性质。尽管

▶ 贾比尔在用"长生不老药"治愈
了当时权势通天的巴尔马克家族的奴
隶后，成为哈里发哈伦·拉希德的宫
廷炼金术士

贾比尔的大部分作品所采用的语言仍披着神秘主义的传统外衣，但他凭一己之力将炼金术变为化学。

他将化学定义为"自然科学的一个分支"，一种"借助人工手段模仿自然现象而产生的冶炼金属的方法"。他又说："人类如何能复刻他一无所知的事物呢？"为此，他发明了一系列化学操作，比如煅烧、结晶、升华、液化、合成酸、蒸发、氧化、纯化、汞齐化和过滤。

为了实现科学抱负，他发明了许多实验仪器，比如蒸馏液体的蒸馏器。他还在制备金属、染色布匹、鞣制皮革、开发钢材、为防水布上漆、防锈、将二氧化锰用于玻璃制造以及区分油漆和油脂等方面不断改进方法。此外，他还是第一个同时生产出粗硫酸和硝酸的人，两者按一定比例配比混合便是能够溶解金和银的王水。

贾比尔知识渊博，对哲学、医学、神秘主义和炼金术领域都有涉猎。然而，对那些暗黑魔法的研究也常使他深陷险境。据埃及炼金术士基尔达奇（Al Jildaki）所说，贾比尔经常遭到那些"忌妒和邪恶的人"的迫害，死里逃生已是家常便饭。不过，巴尔马克家族也注意到了贾比尔的才华，特别是在他用"长生不老药"治愈了叶海亚的心腹奴隶后，更是对他信任有加。贾比尔在巴尔马克家族的资助下光明正大地追求自己热爱的事业，晋升为宫廷炼金术士，甚至担任起叶海亚的儿子们的医生。自此，阿拉伯世界突然间拥有了自己的学术传统，阿拉伯语也随之成为一门科学语言——阿拉伯语单词"Al-Kimya"由"炼金术"（Alchemy）孕育出"化学"（Chemistry）。

贾比尔另一个最重要的理论是平衡理论，旨在描述宇宙中的所有物体和所有过程。为此，他撰写了《平衡之书》，进一步阐述出一套形而上学的方法论，将热、冷、干、湿四种性质与语音、词法、韵律和和声联系起来。

不过，命运往往祸福相依。803年，巴尔马克家族因庞大的势力触犯到哈里发的权力和利益而失宠。哈里发哈伦·拉希德直接剥夺了巴尔马克家族的地位和财富，关押了叶海亚并处决其子贾法尔。贾比尔侥幸逃回库法家中，每天待在实验室里日夜以实验度日，如此度过余生。据说他于815年去世，享年95岁。斯人虽逝，但他留下的著作将继续为中世纪欧洲化学的发展发挥关键作用，其中多部被译为拉丁文，历经百年仍广受追捧。在他去世两百年后，人们在拆除巴格达巴卜阿尔沙姆斯（Bab Al Sham）的建筑时，发现了贾比尔家中实验室里的一个研钵，里面满满地装着200磅①黄金，不知是否真是炼金所得。但可以确定的是，他一生撰写了上千本书，对后世科学的理论与实践都有深远影响。"化学的第一要义是应该切身操作，不断实验。否则永远都无法获得最基础的知识。所以你，我的儿啊，要去做实验，这样你才能获得知识。"这段话是他留给儿子的遗言。

▲ 阿拔斯王朝建立后，贾比尔搬到库法，师从贾法尔·萨迪格，学习炼金术、哲学、药学和天文学

---

① 1磅约为453.59克。

GEBER

ESTRATTO DI CARNE LIEBIG

CHIMICI CELEBRI.

l suo maestro Giafar el Ssâdik. (VIII° secolo).

"塔克温"与
阿拉伯炼金术

中世纪的许多阿拉伯炼金术士都在实践"塔克温"，
其中尤以贾比尔最为有名

波普伊－杰伊·帕尔默

图为贾比尔·伊本·海扬在希腊埃德萨学院讲授化学

"炼金术"（Alchemy）一词最初从阿拉伯语单词"Al-Kimya"衍变而来，但也有人认为其起源于埃及文"Khem"，意为黑土。

▶ 阿拉伯炼金术士贾比尔·伊本·海扬企图创造生命

古代炼金术士的终极志趣因其所在地区而异，比如中世纪的阿拉伯炼金术士就一直为人工创造生命而苦苦追寻。这一过程被称为"塔克温"（takwin），即指从形而上和形而下两个角度描述生命产生的过程。尽管这种做法可能会让人联想到弗兰肯斯坦博士创造怪物的著名画面，但"塔克温"的目标纯粹是为创造生命。

史料记录下阿拉伯炼金术士贾比尔·伊本·海扬对"塔克温"的见解及付出的努力。他的作品集中有制作蝎子、蛇甚至人类的记录，但无法确定他是否在故弄玄虚。他在《石头之书》中写道："我这么做是要迷惑所有人，除了上帝所爱和供养的人。"中世纪的许多炼金术士都在实践"塔克温"，但都不如贾比尔有名。

虽然贾比尔通过出版著作传播炼金术知识，但人们并不能完全准确地读懂书中的内容，只有他的弟子、门徒才能解读这些深奥难懂的文字。所以，当代"塔克温"的研究者已无从知晓这些符号的含义。"塔克温"因模仿上帝创世和复活神力创造生命而被视为炼金术的一个宗教性的分支。一些炼金术士认为"塔克温"运用了自然物质与精神力量，可以实现内在净化，改造炼金术士的行为，为灵魂注入活力，因而是一种宗教修炼过程。不过，也有人认为"塔克温"只是借助宗教的启示和传统，展现出魔法与科学间的紧张关系。

贾比尔被欧洲人称为"盖伯"，而因他的作品《石头之书》充满了深奥难懂的代码符号，仅限弟子才能解读，于是他的名字（Geber）便成为英语"gibberish"（意为"胡言乱语"）一词的词源。

GEBER.

炼金术和
长生不老药

数百年来，阿拉伯炼金术士一直用长生不老药治疗疾病

波普伊－杰伊·帕尔默

炼金术通常与医学结合，尤其是阿拉伯炼金术。随着人们对金属、石材和玻璃加工实用知识的了解不断增多，人们对药理学的认识也越发深入。

中世纪的炼金术书籍使用意思更加直白的"Al-Kimya"一词表示炼金术，即贱金属转化为贵金属的过程，而非现今使用的"alchemy"一词。不过，"Al-Kimya"经常被用作"al-iksir"的同义词，而"al-iksir"则指代长生不老药，即

今天英语中的"elixir"（意为长生不老药）一词的词源。虽然"al-iksir"一词的意义随语境改变，但在古代使用得更加频繁，意义也更加宽泛，包含"获取某物的媒介"的意思。

某些长生不老药确实投入过实际使用，但大部分仅是捕风捉影的传说。据说长生不老药是一种能让饮者长生不老或永葆青春、百病痊愈的药剂，经常与永生紧密相连。其起源于亚洲，特别是在古印度或中国最为盛行，后来吸引世界各国

炼金术士对长生不老药的
追寻已有上千年的历史，
且一直将其用于医疗

▶ 罂粟。在阿拉伯医学正式将
罂粟投入使用之前，罂粟在其
他地区仅限于医疗而非药物，
而使用者往往服用过量

炼金术士踏上寻觅之路。

中世纪的阿拉伯医生经常把天然物质视为药物。他们最为青睐植物，而在植物中大麻和罂粟则是研制长生不老药必不可少的原料。9世纪，随着波斯文化与希腊文化的传播，大麻才从印度传到了阿拉伯世界，希腊植物学家戴奥斯科瑞德（Dioscorides）关于大麻可以治疗耳痛等疼痛的知识也随之为阿拉伯人所知。至于罂粟，在阿拉伯医学正式将罂粟投入使用之前，罂粟在其他地区仅限于医疗而非药物，而使用者往往服用过量。后来，阿拔斯王朝的宫廷御医伊本·马萨瓦（Yuhanna ibn Masawaih）使用罂粟缓解胆囊结石痛、眼痛、头痛和牙痛，以及治疗消化不良和肺部炎症，罂粟才跃身成为主要药物。

利用炼金步骤制药并非古代的专利。今天药厂制药时仍然采用类似的工序，如发酵、蒸馏、从植物的灰烬中提炼出矿物质等。而这些工序其实是建立在古代炼金术"三元素"论的基础上，"三元素"即对炼金术最为重要的硫（植物的特性，是一种挥发油性物质的精华）、盐（从植物煅烧的灰烬中提炼的植物盐）和汞（酒精中的提炼物和生命的精华）。

阿拔斯王朝的宫廷御医伊本·马萨瓦将罂粟应用于阿拉伯医学。

哲人石

让我们走近哲人石，
探寻发家致富、治愈百病、永葆青春的奥秘！

保罗·沃克－埃米格

即便对哲人石没有明确的定义，所有的炼金术士也都将炼制它作为毕生追求。传说有人确实成功炼出了哲人石。比如，据说大阿尔伯特在1280年去世前，就将哲人石的秘密配方传给了他的学生托马斯·阿奎那。

古代和中世纪的人们认为石头是万物之源，包括土、水、气、火四大元素在内的一切物质都是从中衍生而来。于是，哲人石可以创造出新的物质的新理论随之诞生。换言之，若在转化中使用哲人石，便可把普通金属变为黄金。8世纪的阿拉伯炼金术士就认为哲人石是一种红色的干粉，在转化中至关重要。

还有传言说哲人石是一种神奇的长生不老药，能够治愈疾病，让人延年益寿，甚至可以长生不老。

16世纪瑞士著名炼金术士帕拉采尔苏斯支持这一说法，并认为哲人石稀释在葡萄酒中可以治疗疾病。17世纪时更有报道称尼古拉·勒梅又往前走了一步，不仅炼制出哲人石，而且借此得以长生不老。不过，有史料记载他还是在1418年驾鹤西去。

更有甚者认为哲人石能够创造生命。许多阿拉伯炼金术士力图寻求"塔克温"，通过人工手段创造生命。前述帕拉采尔苏斯就曾在1537年的《自然本质》一书中概述了创造"侏儒"或小人的过程。

一些炼金术士认为必须向内寻找哲人石。于是，很多关于哲人石的著作都以寓言形式呈现在世人面前，将获得哲人石的方式诠释为精神、神学或心灵的旅程，通过统一不同元素，获得某种启迪或实现精神完整。

无论哲人石的明确定义到底为何，只要想到获得某种遗失而又神秘的知识便可在物质和精神上创造出奇迹，就很少有人能抵御它的诱惑。如此便也不难理解哲人石为何能让炼金术士如此痴迷。毕竟，一旦实验成功，他们便会到达炼金术的顶峰。

▲ 这是一幅16世纪的手稿，图中的炼金术士手持一个代表哲人石的容器，描绘了冶炼哲人石的过程

这是英国德比郡的约瑟夫·赖特（Joseph Wright）于1771年的画作，画中的炼金术士在寻找哲人石时意外发现了磷

哲学家
伊本·西拿

伊本·西拿是阿拉伯历史上最著名的哲学家之一，
他的理论引起了阿拉伯人对炼金术的强烈抵制

迪伊·迪伊·谢内

伊本·西拿全名阿布·阿里·侯赛因·伊本·阿卜杜拉·伊本·西拿，在欧洲则以拉丁化的名字阿维森纳著称。他在阿拉伯黄金时代的980年左右出生于波斯萨曼王朝首都布哈拉城附近的阿夫沙纳镇（今乌兹别克斯坦境内）。

伊本·西拿从小便勤奋好学，研究早期哲学家的重要著作，据说在10岁时便能背诵整本《古兰经》。他有一个著名的观点：医学比数学和

▶ 伊本·西拿撰写了流传百年的《医典》——最著名的医学教科书之一。这张图片来自16世纪版本的《医典》

بسم الله الرحمن الرحيم ۞ وهو حسبي ونعم الوكيل عليه توكلت

الحمد لله حمد المستحقه على علو شانه و سبوغ احسانه و صلاته على نبيه محمد و الآل و الاصحاب ونعد بعض خلص اخواني و من يلزمني اسعافه بما يسمح به و يسع من اصناف ان اصنف في الطب كتابا يشتمل على قوانينه الكلية و الجزئية اشتمالا يجمع الى الشرح الاختصار و الى الايغار اكثر حقه من البيان و الايجاز فاسعفته بذلك و رايت ان اقدم اولا في الامور العامية الكلية في قسمي الطب اعني القسم النظري و القسم العملي ثم بعد ذلك اتكلم اولا في كليات احكام قوى الادوية المفردة ثم بعد ذلك في الامراض الواقعة لعضو عضو فابدى او بخشوع ذلك و منبع ذلك و ما انشرح للاعضاء المفردة ليس ... قد سبق مي ذكره في الكتاب الاول و الكلي وكذا المنافع ثم اذا افرغت من تشريح ذلك الاعضاء وبيدات في ... ان اقول في كيفية حفظ صحته ثم ردلت بالقول المطبق على كليات امراضه و اسبابه و طرق الاستدلال ... علله وطرق معالجاتي بالقول الكلي ايضا فاذا فرغت من هذه الاسر و الكلية ابتدات على امراض الجزئية و دلالت الا ... في اكثر هذ الحكم الكلي احمد و اسبابه و دلا بلد نوع خلصت الى احكام الجزئية نراعي المقانون الكلي للمعالجة فنزلت المعالجات الجزئية لكل داء و داء و اوسيط او مركب و ما كان سلبت ذكره من الادوية المفردة و منفعته للامراض نظبات الادوية المفردة في الجداول و لا صباح النواري استعمالا فيه كانت قتال المتعلم عليه او اوصلت اليه لو كررته قليلا فان ... و ما كان من الادوية المركبة اما الاخرى به ان يكون قريب القرباذين الذي اراى من اجله اخذت ذكر مناقعه و قضاه و كيفية خلطه و رابت ان افرد من هذه الكتاب لنا في كتاب بمنافي الامور الجزئية مختص بذكر الامراض الذي الذي او وقعت للاعضاء ببعض عضو بعينه و نورد و هذا ايضا الكلام في الزينه و ان اسلكه بهما مسلكى في هذا الكتاب وهو الكتاب الجزئي الذي قبل ... فاذا تهيا لي توفيق الله من هذ الكتاب و جمعت بعد ذلك لا قرباذين و هذا كتاب لا يسع من يدعي هذ الصناعة و يكب بحسبها ان لا يكون جملة معلوما محيوط عنه فانه يشتمل على اقل ما لا بد منه للطبيب و اما الزياد عليه فامر غير مضبوط و ان احرى تعالى في الاجل اسساعد القدر انصبت لذلك انصبابا تاما فانا و الآن فانى اجمع هذا الكتاب و اقسمه الى كتب خمسة

الفصل الاول من التعليم الاول من الفن الاول من الكتاب الاول

كتاب القانون في حد الطب ۞ اقول ان الطب علم يعرف منه احوال بدن الانسان من جهة ما يصح و يزول عنه ليحفظ الصحة حاصلة و تسترد زايلة و لقايل ان يقول ان الطب ينقسم الى نظر و الى عمل و انت قد جعلته كله نظرا و قلت انه علم وحينئذ نجيبه و نقول انه يقال ان من الصناعات ما هو نظرى و على و من الفلسفة ما هو نظرى و على و يقال ان من الطب ما هو نظرى و منه ما هو علمى و يكون المراد في كل تسمية بلفظ النظري و العلي شيئا اخر لا نحتاج الان الى بيان اختلاف المراد في ذلك الا الا في الطب فاذا قيل ان من الطب ما هو نظرى و منه ما هو علمى فلا يجب ان يظن ان مراد انا احدى قسمى الطب هو تعلم العلم و القسم الاخر مباشرة العمل كما يذهب اليه و هم كثير من الناس حتى عن هذ الموضع بل يجب ان تعلم ان المراد مزد لك شيئا اخر هوان لبعض و لا واحد من قسمي الطب اعلا الكن احدهما علم اصول للطب والاخر كيفية مباشرته فيخص الاول منهما باسم العلم او باسم النظر و يخص الاخر باسم العمل فنعنى بالنظر منه ما يكون التعليم فيه مفيدا لاعتقاد فقط من غير ان يتعرض لبيان كيفية عمل مثل ما يقال في الطب ان اصناف الحميات ثلاثة و ان الامزجة تسعة و نعنى بالعملى منه لا العمل بالفعل و لا مزاولة الحركة بل القسم من علم الطب الذي يفيد التعليم فيه رايا للذاكرواي متعلق ببيان كيفية عمل مثل ما يقال في الطب ان الاورام الحارة يجب ان يبدا في الابتدا بما يردع و يبرد و يكثف

形而上学简单得多。但他终生都在研究形而上学，研究人类灵魂的本质及其与物质形态的关系，强烈批判了亚里士多德的许多著作。同时，他也是一位医生，甚至有人认为他是自希波克拉底（Hippocrates）以来最有影响力的医生。此外，他还担任过萨曼王朝最高统治者"埃米尔"努赫二世（Emir Nuh II）的维齐尔（宰相）。但他也曾与埃米尔发生过冲突，职业生涯并非一帆风顺。

正如伊本·西拿支持芳香疗法一样，他的许多观点宛如一股劲风直击诸多神秘科学的核心。比如，他强烈抵制占星术，认为行星虽然可以影响地球，但无法预测未来；并在明确区分占星术和天文学的基础上提出了自己的天体理论。

同时，伊本·西拿强烈反对物质转化，其中最常见者便是将贱金属转化为黄金的炼金术。他撰写了《医典》《治疗论》《知识论》等著作揭穿炼金术的秘密。还有一些著作也被归于他名下，但有人认为其中有些为伪造，有些为假托其名。

13世纪时曾有过关于炼金术合法性的大辩论，而伊本·西拿的批判言论为反方提供了论据。伊本·西拿于1037年去世，享年58岁，葬于伊朗哈马丹。斯人虽逝，但围绕他的思想以及他位列世界上最伟大之人的讨论从未停止。

▶ 许多人认为伊本·西拿是世界医学之父和前现代最重要的哲学家之一

炼金术
传入欧洲

在欧洲已成绝学的炼金术随着大量阿拉伯作品的译介
"起死回生"，激发出学者们的想象力

本·加祖尔

1144年2月11日，一位被后世称为切斯特的罗伯特的教士终于放下手中的羽毛笔，完成了对一本阿拉伯文著作的翻译。或许当时他并不知道，这本书将在未来轰动欧洲数百年。这本书便是贾比尔的《炼金术构成之书》。由于罗伯特在译著前言中明确地标注了日期，后世得以知晓"Alchemy"（即"炼金术"）一词首次引入欧洲的确切时间。罗伯特坦言从事翻译是"因为拉丁世界还不知道炼金术为何物"。很快，炼金术便在欧洲家喻户晓。

由伊比利亚外传

人们常常认为中世纪的欧洲由天主教和基督教独掌天下，但事实并非如此，当时的伊比利亚半岛就是例外。自711年起，伊比利亚半岛（包括现在西班牙的大部分地区）成为倭马亚王朝的统治范围，时称安达卢斯。

随后40余年间，倭马亚王朝逐步控制了半岛的大部分地区，势力范围不断扩张，甚至威胁到法兰克王国；直至遇到强敌，才不得已在比利牛斯山前停下了扩张的脚步。直至1492年格林纳达王国向斯蒂利亚女王伊莎贝拉一世投降。

欧洲各地的学者前往西班牙，师从阿拉伯老师；学成后带回许多失传的学问，其中就包括炼金术

▲ 切斯特的罗伯特不仅将"炼金术"一词引入拉丁文，还解释了哲人石的含义

▲ 切斯特的罗伯特翻译的炼金术著作描述了哈立德王子受到一位博学的隐士启智的经过

在安达卢斯，阿拉伯语和拉丁语的融合促使伊斯兰教和基督教进行了首次知识交流。当时的阿拉伯学者因可以接触到在西方早已失传的希腊科学和文学巨著，相较于欧洲学者拥有更加得天独厚的优势。于是，欧洲学者纷至沓来，渴望获取当时所能学到的一切知识。

希腊语曾是古代世界的通用语言，先哲们曾用希腊文写下了许多学术著作。但随着拉丁语成为西欧教学语言，许多希腊文作品和作家渐渐淡出人们的记忆。7世纪后随着阿拉伯人的二次传播，欧洲人得以再度自由阅读希腊古典名著的阿拉伯文译本。说拉丁语的学者若想读懂亚里士多德或盖伦的著作，就必须学习阿拉伯语。这自然十分不便。

罗伯特的翻译工作正是在此背景下应运而生。他于12世纪40年代从英国来到安达卢斯，并将多部重要典籍由阿拉伯文译成拉丁文。除了前述炼金术相关著作外，他还翻译了花剌子模关于数学的著作，代数由此被引入西方。

切斯特的罗伯特是谁？

来到安达卢斯学习阿拉伯知识的学者远非罗伯特一人。教皇西尔维斯特二世也曾到此求学且学有所成，对各种问题都对答如流，以至于有人怀疑他是否在安达卢斯学到了黑魔法和异教魔法等法术。当时人们普遍将前往安达卢斯求学视作日后学术发展的基石，所以前往求学者数不胜数，以至于人们不得不思考到底谁才有资格从事翻译。

人们通常认为切斯特的罗伯特【全名为罗伯特斯·卡斯特雷诺斯（Robertus Castrensus）】是上述译著的译者，但也常将他与凯顿的罗伯特（Robert of Ketton）混淆，后者在12世纪40年代前往安达卢斯将阿拉伯文著作译成拉丁文。二人同为英国人，且名字相近，相关史料又记载有限，所以常被混为一谈。

关于切斯特的罗伯特，我们只能从其译著进行了解。相较之下，关于凯顿的罗伯特的记录就多一些。有史料记载他后来曾担任过牧师和皇家顾问。大多数历史学家已经可以肯定两个罗伯特确实是在同一时期从事类似工作的两个人。

哈立德传奇

切斯特的罗伯特翻译的炼金术著作《炼金术构成之书》，是基于一篇题为《哈立德向莫里努斯提出的问题》的阿拉伯文著作。这部创作于9世纪或10世纪的作品记录了哈立德王子向精通炼金术的隐士莫里努斯问学的故事。据说莫里努斯的才学与智慧给哈立德王子留下了深刻的印象。阿拉伯文原本中只用"希腊人"一词描述莫里努斯，但切斯特的罗伯特在翻译时称其为一位虔诚的基督徒，向哈立德授业解惑。

莫里努斯告诫哈立德，"古人并没有用简明的词语叙述这门科学。相反，他们使用迂回的话语，就是要迷惑心怀不轨之人"。

哈立德对此并不满意，要求莫里努斯使用通俗易懂的语言。王子有时急不可耐，向莫里努斯直截了当地提问哲人石在哪里，如何存于人体，但得到的回答却大多只是只言片语。若他进一步追问，莫里努斯便只是耸耸肩，说自己已经道出了答案。

莫里努斯常以裁缝剪裁布料作比，解释为何可以从主要元素中提炼出其他物质。裁缝可以用多种方法剪裁布料，制成不同款式的衣服；同理，炼金术士也可以分解改造物质，炼出黄金。莫里努斯的很多言论在随后数百年间被欧洲炼金术士广为引用。

在哈立德的追问下，莫里努斯解释了其中的含义。"绿狮代表玻璃……臭土代表刺鼻的硫……红烟代表红色的雌黄，白烟代表汞，黄烟代表硫黄……现在我已经和你解释了所有名称，你若是掌握了白烟、绿狮和臭土这三种物质，就能施展所有魔法。"

▲ 切斯特的罗伯特对隐喻和象征的译法为随后几百年的炼金术研究提供了范式

炼金术生根落户

切斯特的罗伯特是将阿拉伯文著作译成拉丁文的第一人，但绝非最后一人。他理解的"炼金术"并非今天讨论的宽泛领域，他认为炼金术是一种"自然而然地将一种物质转化为另一种更好物质的材料"，可见是将"炼金术"专指为哲人石。事实上，后来的译著才对"炼金术"给了完整解释。不过，这并不影响切斯特的罗伯特

在1144年完成译著后引发整个欧洲对炼金术的痴迷。当然，炼金术的传播并非一蹴而就，达到家喻户晓的程度仍经历了漫长的过程。一百多年后，当罗杰·培根就教育问题向教皇提出建议时，他发现教皇仍不知晓炼金术，于是详细地解释了一番。

罗杰·培根解释道："这是另一门科学，旨在研究如何从元素和无生命体中诞生出新物

质……亚里士多德的书中没有相关的研究，自然哲学家和拉丁作者们也没有相关的涉猎。不过，大多数学生都不知晓这门科学，势必导致他们对构成世界的自然之物一无所知……而这门科学被称为理论炼金术，主要研究所有无生命的事物，以及如何从元素中诞生新物质。"

在首批由阿拉伯文翻译而来的拉丁文译著问世后，欧洲炼金术士便开始独立写作，不再依赖阿拉伯人的研究。

欧洲炼金术士在译著中发现历代炼金术士都使用神秘的语言和隐喻，于是也纷纷效仿。就这样，经由切斯特的罗伯特的译介，炼金术在欧洲这片富有想象力的沃土上生根发芽，开枝散叶。

欧洲炼金术士在独自创造理论时还不忘感谢炼金术的开山鼻祖，许多人假托贾比尔、拉齐斯或伊本·西拿等阿拉伯思想家之名发表作品。

▲ 像《几何原本》这样的希腊著作都是由阿拉伯文转译而来的

切斯特的罗伯特的低级错误
（正弦函数 sin）

翻译工作细致烦琐。当一个词从一种语言转译到另一种语言时，可能会丧失其中的微妙含义；粗心马虎导致的翻译错误更是可能对随后数百年造成影响。

切斯特的罗伯特在翻译花剌子模的《代数学》时，遇到一个表示三角函数的单词。原书本来使用阿拉伯语单词"jb"来表示直角三角形的任意一条锐角的对边与斜边长度之比。今天这个函数被称为正弦函数，英文用"sin"表示，但这个英文显然是切斯特的罗伯特误译。

切斯特的罗伯特使用的阿拉伯文原书在提到正弦时，直接引用了一个梵文单词"jya-ardha"，缩写为"jya"，没有意译成阿拉伯文，只是依据发音转写成"jiba"。因为阿拉伯语没有元音，所以写出来就成了"jb"。切斯特的罗伯特在翻译时尝试恢复了元音，将其理解为"jaib"（意为乳房或胸脯），进而按照字面含义译成拉丁文"sinus"（意为衣服上的褶皱、弯曲、曲线、胸口），后来在英语中就成了"sin"。所以，当你日后再使用正弦函数sin时，不妨为切斯特的罗伯特望文生义的误译会心一笑。

▲ 即使最细心的书吏，在面对多种语言撰写的科技类文章时，也会抄错内容

罗杰·培根是英国第一位科学家吗？

方济各会修士罗杰·培根是闻名古今的学者，撰写过许多开创性作品，但他对于炼金术的研究却鲜为人知

迪伊·迪伊·谢内

13世纪的学者罗杰·培根在1257年左右成为一名修士。关于他的出生信息和早期生平记载甚少，但人们推测他应该在1214年或1220年出生于英国萨默塞特郡的伊尔切斯特。

培根是经验主义的坚定拥护者，倡导通过直接经验了解事物。同时，他对亚里士多德的诸多教义也有研究。此外，他还创造出许多伟大的科学思想，推动了光学和天文学等领域的发展。

培根家境优渥，事业有成，据说曾在牛津大学和巴黎大学任教。许多人认为他是英国第一位科学家，但也有人将此殊荣授予牛津大学第一任校长格罗斯泰斯特（Grosseteste），据说后者还是培根的老师。

1266年培根受教皇克莱蒙四世的亲自委托，编写了他的巅峰之作《大著作》（Opus Majus）。该书作为人类通往自然世界的指南（奇怪的是培根从未收到教皇对这部作品的评价），主要讨论了七部分内容，包括（1）分析人类产生谬误的原因；（2）论哲学与神学的关系；（3）论语言研究的重要性；（4）论数学的重要性；（5）论光学；（6）论实验科学；（7）讨论人与人、人与上帝关系的精神哲学。之后，他还撰写了《小著作》（Opus Maius）、《第三部著作》（Opus tertium）以及《哲学研究纲要》，但很遗憾除《大著作》外，其他著作都未能存世。

培根一直醉心于神秘艺术，围绕炼金术和魔法深有研究，这也为其赢得了"奇异博士"的绰号。关于培根最离谱的传闻是他曾发明过一台可

▲ 虽然培根研究奥术，但他在《魔法的虚荣》【*On the Vanity of Magic*，或《魔法的无效》（*The Nullity of Magic*）】中从科学的角度驳斥了许多神秘主张

以预测未来的名曰"铜头"的机器人，他也凭此被誉为巫师和通灵者。也有信件记述了培根撰写的炼金术公式，其中包含了哲人石，反映出其研究绝非巫术。不过，今天人们认为这封信件可能是伪造的。还有人认为研究金属转化的《炼金术之镜》（*The Mirror of Alchemy*）和《伏尼契手稿》也出自培根之手，但大多数人对此不以为然。

尽管培根成就卓著，但至晚年时已饱受争议，毁誉参半。他因以反传统的方式染指奥术（神秘晦涩的思想），而被逐出方济各会；更因研究神学和亚里士多德的自然哲学思想，违反 1277 年"大谴责"（the Condemnations of 1277）[①] 而被幽禁。不过，现在许多学者对照时间线，发现其幽禁日期晚于离世时间，因而质疑其真实性。但毋庸置疑的是，培根确实在 1292 年左右死于牛津。

---

① 1277 年天主教会发布了针对各种新思想的 219 条禁令。

传说和笔名

探究众多炼金术著作的作家使用笔名的真实原因

本·加祖尔

写作的一大乐趣是看到自己的名字赫然付印（正如笔者也在前面标题下方标注了署名），但过去许多炼金术士在出书时常用笔名，不知是因保密还是自负，总之隐藏了真实身份。这个问题如同神秘的炼金术一样，让人难以捉摸。

外来的和尚会念经

回看炼金术悠久的历史，可以发现炼金术士在著作中大多采用多重伪装。拜占庭时代出版的

许多人使用著名神学家或哲学家之名发表炼金术著作。

炼金术士大多用笔名出版书籍，书中也大多是复杂的密码

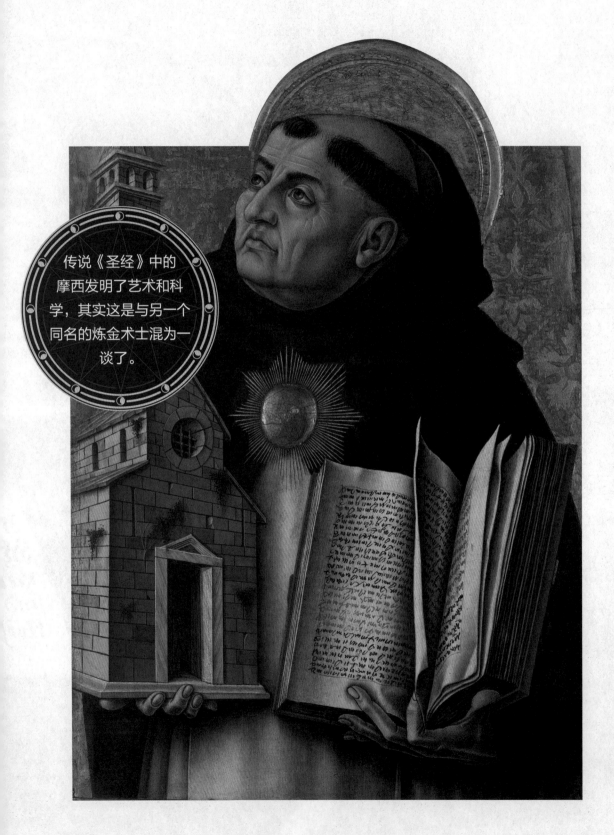

传说《圣经》中的摩西发明了艺术和科学，其实这是与另一个同名的炼金术士混为一谈了。

▲ 假托亚伯拉罕·以利亚撒之名的作者一定希望突出自己与伟大炼金术士的联系

▲ 据说戴克里先皇帝曾在埃及烧毁了许多炼金术著作，而这些著作的作者因使用笔名而躲过一劫

《自然事物与神秘事物》（*On Natural and Secret Things*）一书被誉为"炼金术宝库"，署名古希腊哲学家德谟克利特（Democritus）。但是，"原子论"的创始者德谟克利特生活在公元前5世纪，而这部书成书不早于1世纪或2世纪，显然他不可能是本书作者。那么，本书的真实作者为何要假托德谟克利特之名呢？

究其原因，主要是因为人们认为古人名字更受尊敬，生活在古典时期者也更加聪明，出自古代伟大思想家之口的观点往往更具有说服力。所以，既然生活在数百年前的德谟克利特已经参透自然的秘密，那么他的观点自然会更受关注。不管《自然事物与神秘事物》的真实作者到底是谁，这部书流传至近两千年后的今天已经证明作者如意算盘得以实现。

总之，炼金术士使用笔名的传统随着炼金术一并被传到中世纪的欧洲。除了前述《自然事物与神秘事物》外，我们还可以从《图尔巴哲学论坛》（*Turba Philosophorum*）中找到相同的手法。作为文集，该书收录了诸多匿名哲学家的思想，他们化名为阿那克萨戈拉（Anaxagoras）、恩培多克勒（Empedocles）、留基伯（Leucippus）和毕达哥拉斯等苏格拉底之前的哲学家，就炼金术各抒己见，蔚为大观。然而，吊诡的是，欧洲人十分厌恶异教徒，但却对阿拉伯人的能力与学识怀有敬意，两种对立的情感就这样交织在一起。比如，10世纪时教皇西尔维斯特二世曾在安达卢斯求学，同时代的人因此认为他虽有能力，但很邪恶。人们认为所有来自遥远之地的知识一旦具有黑暗一面，便会拥有强大的力量。于是，大量欧洲学者假托贾比尔·伊本·海扬之名发表作品，以期自己的著作能像阿拉伯作品一样让人敬畏。

最终，以贾比尔之名发表的作品多达三千余

一些被视为伟大的炼金术士的大人物其实从未研究过炼金术。

部，统称《贾比尔文集》，内容涉及宇宙论、哲学、医学、炼金术、占星学及魔法在内的诸多领域。不过，由于语言晦涩难懂，贾比尔也代人受过，他的拉丁名字"盖伯"（Geber）成为"胡言乱语"（gibberish）的代名词。

正所谓外来的和尚会念经，如果署名作者来自更早的时代且与其他名人具有联系，那么人们对这本书的信任将会翻倍。18世纪的莱比锡市面上出现了一本奇书。该书号称写于14世纪，作者假托"著名炼金术士"尼古拉·勒梅的导师亚伯拉罕·以利亚撒（Abraham Eleazar）之名。这本书的真实作者很可能是朱利叶斯·格瓦修斯（Julius Gervasius），因其名字也出现在标题页上。不过，或许这仍是笔名。

即便到了炼金术发展的晚期，人们在追求真理时仍然往往更愿相信古人，而非同代学者。当然，假托他人之名，也可以获得更多的读者。

名字就是流量

知名作家的名字就是好广告，出版商会把封面大部分的留白都印上其名，用以吸引读者眼球。所以，一些炼金术著作的作者为了书能畅销，才会使用华而不实的笔名或假借其他学者之名。1599年出版的《巴兹尔·瓦伦丁的十二把钥匙》（*The Twelve Keys of Basil Valentine*），据说真实作者是本笃会修道院的牧师会成员。

作者名字也是图书品牌的一部分，具有良好寓意的名字对于图书销售具有重要影响。有些作家习惯用某些具有浅显含义的希腊文和拉丁文的谐音做笔名，达到一语双关的目的。比如"Basilius Valentinus"，就是"Basileos valens"的谐音，后者是"强大的国王"的意思，以求借此增加图书销量。

不仅如此，广为人知的历史人物的名字可以吸引更多读者。于是一些学者假借"摩西"之名发表炼金术著作。此前，历史上已有两位摩西。一位是《圣经》中的摩西，被认为是拥有神力和智慧的圣人；另一位是亚历山大的摩西，在1世纪写下了炼金术著作。一些作者正是钻了读者难辨两位摩西的空子，使用"摩西"做笔名以增强自己作品的权威性。

此外，宗教人士也是炼金术士选择笔名的重要选项。人们认为宗教人士研究神性，自然也对炼金术有深厚的见解。于是，这些受人尊敬的宗教人士也成为众多炼金术士假托的对象。

其中，大阿尔伯特因其卓越的才学与成就而被誉为"全能博士"，自然成为热门笔名。在他身后数百年间，以他署名的手稿不断问世。

比如，一本叫《大阿尔伯特》（*The Grand Albert*）的书，试图揭示从金属特性到"女性秘密"的万物奥秘。

传说，大阿尔伯特发现了哲人石并传给了他的学生托马斯·阿奎那。不过，由于阿奎那先于大阿尔伯特去世，这个说法似乎有些站不住脚。而阿奎那作为教会的最重要哲学家，也成为假托的对象。比如，一本叫作《旭日初升》（*Aurora Consurgens*）的炼金术著作就以他署名。该书运用了大量插图和神秘符号，但是其拉丁文风格与阿奎那的作品大相径庭。

更有甚者，炼金术士著作的作者在选笔名时，不考虑笔名的本尊是否支持炼金术。比如，西班牙人雷蒙·卢尔（Ramon Llull）以专著《伟大的艺术》（*Ars Magna*）而闻名，该书旨在通过逻辑发现真理。他本人也对炼金术流露出强烈的不满。然而，讽刺的是当时有许多炼金术著作假托卢尔之名，完全不顾他的感受。在伪卢尔著作《证明》（*Testamentum*）中，我们可以看到欧洲炼金术从原本追求财富向梦想完善自然的转换。

威兰诺瓦的阿那德（Arnald of Villanova）是另一个常见笔名。他本人虽然也试图提出理论，但显然无法与阿奎那相提并论。据说起初他只是教皇和国王的御用医生，但后来因预测"敌基督"（Antichrist）将在1368年出现而涉足神学研究。

在其身后，那些想要表达自由思想的人常常假托其名发声，以致人们认为伪阿那德的著作都是危险的异端思想，比如，有的著作曾把水银在炼金术实验中的变化比作耶稣受难、死亡和复活。显然，把这些想法归因于一个早已去世者，比自己拥有这些想法安全得多。

明哲保身

当然，使用笔名的终极原因是为了保护自己。教会担心人们使用炼金术会滥用上帝才有的造物能力，而国王则担心通过炼金术炼制黄金会破坏经济，总之炼金术不为二者所容。于是，炼金术著作的作者纷纷使用笔名，以求即便日后著作被焚，自己也不会被一同烧死。

有时，炼金术著作的作者还会创造出一个新的笔名来保全声誉。比如，炼金术随着时代的发展逐渐被化学所取代，沦为消遣娱乐的素材。于是，本·琼森（Ben Jonson）创作的喜剧《炼金术士》就讽刺那些寻找哲人石者为傻瓜。因此，研究炼金术自然不会得到好名声。这也就不难理解艾萨克·牛顿在下定决心研究炼金术前，为何要先给自己起一个笔名"Jehovah Sanctus Unus"（意为神选之子）了。

伪典和笔名

历史上，假托他人名义进行创作伪典也不完全是可耻之举。过去许多人出于与炼金术士相同的原因使用笔名。并且，他们会根据自己的写作意图，在刚开始写作时就选好笔名。

在古希腊传统中，一些匿名创作的著作会依据主题的不同而假托某人之名。比如那些阐释来世和自然本质的神秘作品通常会归于俄耳甫斯名下。

此外，买卖著名作家的手稿利润可观，这也为假托他人之名进行创作提供了商机。比如，有人愿出高价收购柏拉图的新作品，无论真假。而最有名的伪典案例可能出自《圣经》。相传《新约》中的大多书信都是圣保罗所作，但学者们对其中至少六封书信提出了质疑。此外，四部经典的福音书也可能为伪典，假托我们所熟知的人物之名。

▲ 古代的书籍往往会冠以知名人物的名字，比如《荷马颂歌》（Homeric Hymns）。不过，无论荷马是否是真实人物，都不是此书的真实作者

勒梅传说

> "哦，波特，你这个坏蛋……"

阿普里尔·马登

▼ 如今，尼古拉·勒梅因在《哈利·波特》小说世界的出场而广为人知（详见《哈利·波特——神秘的魔法石》）。小说取材于几百年前一位虔诚、无私的炼金术士的传奇故事

▲ 勒梅的房子位于巴黎蒙莫朗西街51号，正面镶嵌着神秘的大理石浮雕。现在是一家"奥尼古拉·勒梅餐馆"

　　在14世纪至15世纪初，尼古拉·勒梅居住在巴黎，娶了富裕但两度丧偶的佩雷纳尔为妻。这对虔诚的罗马天主教教徒夫妇虽无子嗣，但通过创业攒下一笔财产，且乐善好施，慷慨捐助慈善事业，曾为当地的教堂捐赠雕像。佩雷纳尔在1397年先于勒梅去世，尽管她的妹妹和妹夫通过诉讼从悲痛欲绝的勒梅手中夺走了5300英镑，但绝大部分遗产还是归勒梅所有。慈爱、虔诚的勒梅在巴黎蒙莫朗西街51号又住了21年，并在去世8年前为自己设计了墓

　　相传，勒梅夫妇曾遇到了一位皈依天主教的神秘犹太教教徒。这位"皈依者"向夫妇俩传授了炼金术的秘密。

尼古拉·勒梅的故事广为人知，就连维克多·雨果的《巴黎圣母院》也曾对他有所言及。

碑，1418年去世后被安葬在圣雅克教堂（如今已不复存在）。

几百年后，这对谦逊夫妇受到神启的故事突然间流传开来。据说，他们在前往西班牙"圣地亚哥·德·孔波斯特拉"参加大朝圣途中，曾遇到一位皈依天主教的神秘犹太教教徒。这位"皈依者"向夫妇俩传授了研制哲人石的方法，并道出了炼金术中最为惊天的秘密，其中就包含炼金转化和长生不老药。

1612年，一位名叫阿尔诺（Arnauld）的出版商出版了《象形雕塑之书》（*Exposition of the Hieroglyphical Figures*）一书，声称该书由勒梅所写。书中收录了勒梅夫妇为教堂设计的装饰檐壁——毕竟华丽且神秘的家和墓碑也全是由勒梅亲手设计的。书中还摘录了《亚伯拉梅林的魔法书》（*The Book of the Scared Magic of Abramelin the Mage*）的神秘文本及译文，或许该书是勒梅早年购得并终生进行翻译。然而，根据史料记载，《亚伯拉梅林的魔法书》是在勒梅去世很久后的1458年由一位名叫沃尔姆斯的亚伯拉罕（Abraham of Worms）的德国人所发现。

尽管如此，勒梅夫妇的故事与炼金术在很多方面不谋而合，几百年来备受关注，让人浮想联翩。比如，故事中的神秘犹太皈依者，不免让人联想起3世纪亚历山大的诺斯替派犹太基督徒。再如，那条标志性的朝圣路线专属于圣雅各，而勒梅夫妇捐款及安葬的教堂正是圣雅各教堂。还有一本假托其名且带有诺斯替风格的伪典《雅各书》，其中记述了耶稣复活后传授他的神秘教义，与丹·布朗的风格相近。不过，勒梅夫妇的故事并非被所有人接受，1761年艾蒂安·维兰（Etienne Villain）最先提出质疑，声称这个充满神秘情节的故事完全是阿尔诺编造的。然而，这也并未动摇这部伪典及其传说对艾萨克·牛顿和阿莱斯特·克劳利的深远影响。更不用说作家J.K.罗琳了，她把完全虚构的炼金术士勒梅写为了哈利·波特世界的关键角色。

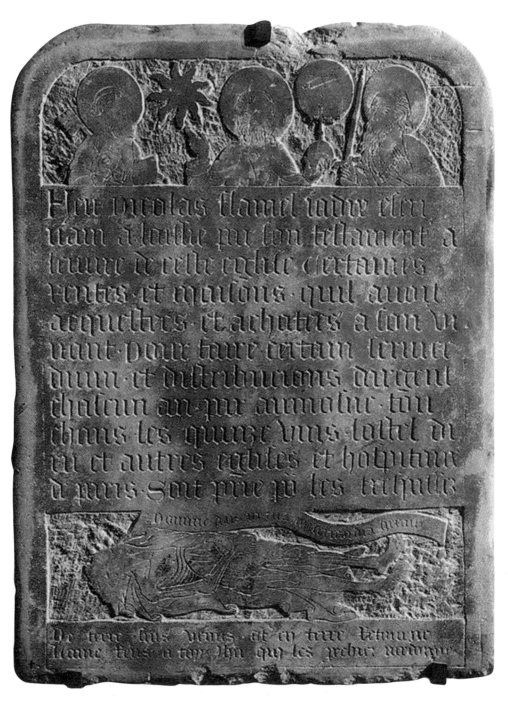

▲ 圣雅各教堂出土了勒梅为自己设计的墓碑，现藏于法国国立中世纪博物馆

灵丹妙药

医生一直在寻找能够治愈世间所有疾病的灵丹妙药，但一些炼金术士自称已经捷足先登……

波普伊－杰伊·帕尔默

"灵丹妙药"（panacea）一词源自古希腊医药女神帕那刻亚（Panacea）的名字，传说是一种能够治愈所有疾病并能让人长生不老的假想药物。虽然听起来荒谬，但古代炼金术士从未停止过寻找灵丹妙药的脚步。他们假设灵丹妙药很可能与长生不老药或传说中的哲人石有关，后者能将普通金属转化为黄金。

美国加利福尼亚州科罗拉多沙漠地区的卡惠拉族印第安人曾把橡树上的红色汁液当作灵丹妙药，发现其治疗皮肤病和其他疾病的效果显著。而德国炼金术士、医生格奥尔格·阿姆·瓦尔德（Gerog am Wald，1554—1616）更是声称研制出了灵丹妙药。

阿姆·瓦尔德本计划学习法律成为律师，但因多门考试不及格而被开除返乡。不过，1578年他从帕多瓦获得了医学学位，据说是买来的，但今天已无从知晓他是否具备从医资格。返乡后的他买下了一座城堡，开始冶炼并销售炼金术药物。

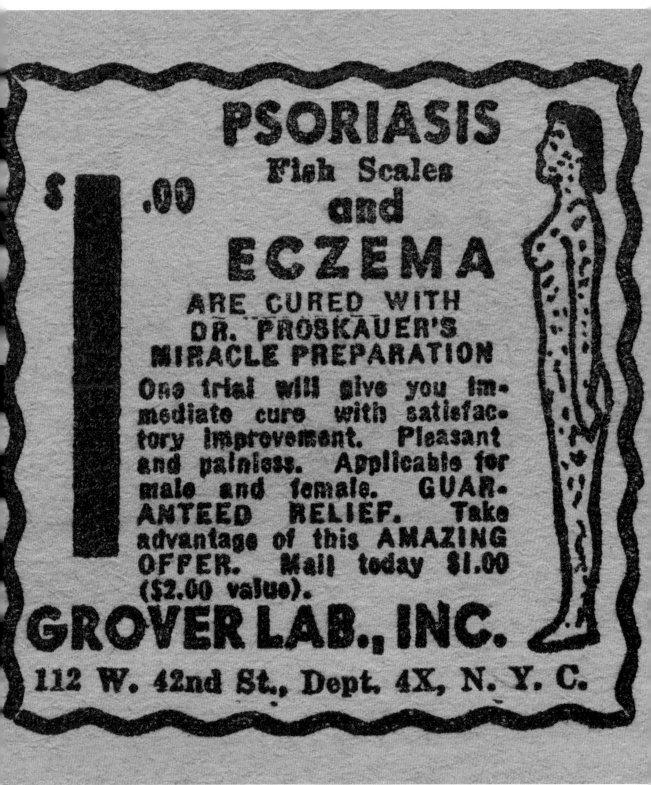

▲ 据说灵丹妙药能够治愈一切疾病

至16世纪90年代，阿姆·瓦尔德研制出名为"阿姆·瓦尔德的灵丹妙药"的药物，还就此发表了一篇论文，后来又反复修改和增补。许多历史学家认为这种药是第一种炼金术药物。不过，阿姆·瓦尔德表示其必须与搭配的食谱一起服用，病才会好得更快，如此操作实在令人费解。

阿姆·瓦尔德一生从未向人透露过灵丹妙药的配方。他声称患者需同时购买食谱和灵丹妙药。这不免让人认为他是在骗钱。

▼ 人们一直在寻觅灵丹妙药，据说万能草药和调制药剂具有治疗一切疾病的功效

赫尔墨斯·特里斯墨吉斯忒斯与《赫尔墨斯文集》

赫尔墨斯·特里斯墨吉斯忒斯启发了一代又一代的炼金术士、哲学家和神秘学家

波普伊－杰伊·帕尔默

ΘΕΟC

2世纪由希腊文撰写的《赫尔墨斯文集》堪称智慧大成，为赫尔墨斯主义奠定了宗教与哲学基础

▲ 赫尔墨斯·特里斯墨吉斯忒斯与摩西是同代人，在今天意大利锡耶纳大教堂中还有他的镶嵌画

文艺复兴时期的炼金术士已经可以读到很多专家撰写的指导书，但没有哪部能与《赫尔墨斯文集》（又称《赫尔墨斯语料库》）相提并论。这部由希腊语写成且充满智慧的对话体著作，据说由赫尔墨斯·特里斯墨吉斯忒斯在2世纪创作。对话中的师父通过讨论神祇、宇宙、心灵和自然，启发弟子探索炼金术、占星术及相关知识。《赫尔墨斯文集》为赫尔墨斯主义奠定了宗教与哲学基础。

当时的人们吸收融合了许多异教的智慧，撰写了大量的文献。而《赫尔墨斯文集》收录的文本只是这些文献的选集。这些文献推动了古希腊和罗马神话体系中新柏拉图主义哲学的发展，但文献本身未受后者的影响，而是主要受到犹太教和《创世记》（1∶28）的启发。

不过，至中世纪《赫尔墨斯文集》已在西方失传；文艺复兴后经马尔西利奥·费奇诺（Marsilio Ficino）的翻译才在西方重见天日。该书一经问世就受到炼金术士的狂热追捧，极大地影响了乔尔丹诺·布鲁诺（Giordano Bruno）和皮科·德拉·米兰多拉（Pico della Mirandola）等哲学家，对欧洲炼金术的发展产生了深远影响。虽然受到教会抵制，但该书的奥义已成为神秘事物的代名词，不仅促使赫尔墨斯主义向神秘主义发展，也对西方魔法传统产生了重大影响。

总之，虽然传统上认为构成《赫尔墨斯文集》的42本书由赫尔墨斯所作，但据说大部分

▲《赫尔墨斯文集》内含42本书，据说大部分都在亚历山大城图书馆的大火中化为灰烬

章节在恺撒大帝攻打亚历山大城期间，已在亚历山大城图书馆的大火中化为灰烬。因此，其真实作者已无从考证，外行人也很难读懂残存的部分。不过，现代神秘主义者认为记载赫尔墨斯宗教及哲学思想的文本仍然秘藏在某个神秘图书馆之中。

与"赫尔墨斯热"一起到来的还有关于他的家族成员的故事。比如，他有几位妻子，有哪些儿子，其中至少有一位沿袭了他的名字等。普遍认为他的后代曾在某些未知的宗教中担任牧师，这也或多或少地解释了为何在大量文本早被焚毁的情况下，《赫尔墨斯文集》及赫尔墨斯本人的故事仍能流传至今。

争议与神秘

走近德国传奇人物海因里希·科尼利厄斯·阿格里帕·冯·内特斯海姆的一生

威洛·温姗姆

海因里希·科尼利厄斯·阿格里帕·冯·内特斯海姆（Heinrich Cornelius Agrippa von Nettesheim）1486年出生于科隆。他才华横溢，兴趣广泛，曾当过士兵、神学家、医生和法律专家，但最为后世铭记的当数他的神秘著作、炼金术思想以及关于魔法和科学看似矛盾的观点。

阿格里帕在科隆大学学习了医学和法律、魔法、科学和神学。在此期间，他开始对神秘事物

> 阿格里帕涉足的职业领域丰富多样，他曾在意大利当兵，后来成为医生和法律专家。

HENRICUS CORNELIUS AGRIPPA Med.& IC.EQU.

1799 年，罗伯特 · 骚塞
（Robert Southey）在《阿
格里帕民谣》（*Cornelius
Agrippa: A Ballad*）一诗
中将阿格里帕称为黑巫师

Naſcitur Colon,
Agrip,
Obijt Anno 1538.

> 结束学业后，他曾在马克西米利安一世的军队中服役，至1509年得到奥地利的玛格丽特女大公的资助。

产生兴趣。结束学业后，他曾在马克西米利安一世的军队中服役，至1509年得到奥地利的玛格丽特女大公的资助。随后，他创作了《论女性的高贵与卓越》，并因此被誉为早期的女权主义者，但此书对他的职业生涯并无益处。这一时期，他还曾在多勒大学短暂任教，但因受到勃艮第方济各会会长让·卡特利内特的指责，被迫于1510年辞职。

此后，他旅居欧洲各地。15世纪20年代，他开始在日内瓦行医，1524年成为法国国王弗朗索瓦一世母亲的私人医生，随后还曾在意大利的帕维亚研究炼金术思想。

不过，阿格里帕的生活和事业充满争议。他负债累累，常被债权人追债，曾多次因债务问题和神学立场入狱。1520年，他公开谴责不应迫害女巫，惹恼了科隆宗教裁判所，被迫离开科隆。

阿格里帕最突出的成就是在1531年至1533年出版了《超自然三册》，探讨了西方密教，并从学术的角度分析了其仪式魔法、咒语、仪式程序等具体问题。尽管他因关于魔法和科学的观点看似存在矛盾而受到批评，但后世逐渐意识到其实他并未完全摒弃魔法。

1535年2月18日，终身信奉天主教的阿格里帕在法国格勒诺布尔去世。传说在他去世后，他的忠犬跳入罗纳河。这使人们更加坚信他是一个恶魔抑或神话。于是，关于他的超自然传说不胫而走，在其身后经久不息。

▲ 据说阿格里帕在求学期间，曾加入过一个神秘社团

帕拉采尔苏斯

被誉为"医学界的马丁·路德"的医学及化学先锋帕拉采尔苏斯，在短暂的一生中饱受争议

马蒂纳·孔蒂里奥（Martyn Conterio）

有人生来便是要改变世界。瑞士化学家兼神秘学家菲利普斯·奥里欧勒斯·德奥弗拉斯特·博姆巴斯茨·冯·霍恩海姆，亦即流芳百世的医学大师帕拉采尔苏斯（1493—1541），便是这样的人。他不畏世俗反对，将中世纪末期的医学知识导入文艺复兴时期，因而树敌众多，身心都面临着威胁与伤害。

帕拉采尔苏斯是沟通新旧世界的桥梁，奠定了现代科学的基础。他非常虔诚，希望用自己的方式探索自然界的一切，其中包括宗教、炼金术、占星术和魔法。帕拉采尔苏斯笃信自然的奥秘即为上帝的奥秘。他虽是神秘学家，但并非人们控诉的那样信奉恶魔邪灵。虽然他针对疾病开出的处方中包括占星术内容和魔法研制的混合物，但他实际上反对希波克拉底的四体液说。他毕生都在为"自然之光"（即宇宙万物的本

这是一幅佛兰德画家康坦·马西斯（Quentin Matsys）于16世纪创作的帕拉采尔苏斯的肖像画

关键时刻

挑战大学

为了向精英学习，帕拉采尔苏斯在离开菲拉赫的矿业学校后参观了德国和瑞士的大学，但观感不佳。他在晚年时回忆道："不知高等院校是如何培养出这么多高知傻子的。"可以看出，傲慢的帕拉采尔苏斯口无遮拦。

1507年

SO·DOCTOR   PARESELSVS

魔剑

人们认为帕拉采尔苏斯与水银有着神秘的关系。传说他有一把日耳曼式的长剑，起名为水银剑（Azoth，这是一个神秘学家和炼金术士代以称呼水银mercury的术语）。这把剑有三到四英尺[1]长，上面配有十字大盾和圆球。传说帕拉采尔苏斯睡觉时，这把有生命的剑便会在他身边跳起吉格舞。且因在房间跳舞时会发出邪恶的咔嗒声响，吵醒邻居，便又为帕拉采尔苏斯招来好战和凶险的骂名。那么，为何一位医学博士要随身带着如此笨重的东西走动？有人推测可能是为了防身，不过当时医生流行在腰带上佩带匕首，而非这种长剑。至今学界对此仍无合理的解释。

另一个将水银与他的神秘名声直接联系在一起的故事是说他的剑柄里面藏着一位守护精灵，精灵可以用水银将自己释放出来以便为主人制造金币或支付投宿的房费。

---

① 1 英尺约为 0.3048 米。

▲ 17世纪荷兰画家德霍夫绘制的帕拉采尔苏斯与其水银剑

质和构成）上下求索，认为通过对自然的感性经验与理性研究，可以解开宇宙的奥秘。然而，和许多时代先锋一样，他也未逃过怀才不遇的宿命。

　　帕拉采尔苏斯总是标新立异，在医学方面不畏淤血、内脏、鲜血；摒弃了内科医生不能触碰病人身体的陋习；发现伤口若保持卫生便会自动愈合。他还发明了在手术和康复中用得上的鸦片酊，并将之引入了欧洲医学界，这足以使他在化学界和医学界流芳百世。此外，早年拥有陆军外科医生经验的他，还发明了战时治疗外伤的止痛搽剂，

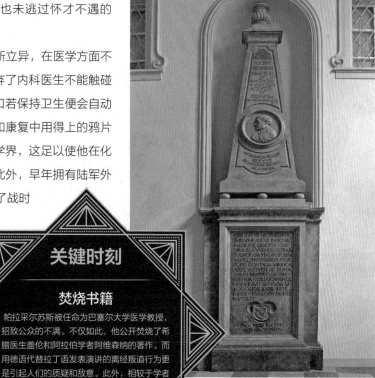

▲ 帕拉采尔苏斯的墓地位于萨尔茨堡的圣塞巴斯蒂安教堂

关键时刻

焚烧书籍

帕拉采尔苏斯被任命为巴塞尔大学医学教授，招致公众的不满。不仅如此，他公开焚烧了希腊医生盖伦和阿拉伯学者阿维森纳的著作。而用德语代替拉丁语发表演讲的离经叛道行为更是引起人们的质疑和敌意。此外，相较于学者的长袍，他更喜欢炼金术士的皮围裙。

1527年6月24日

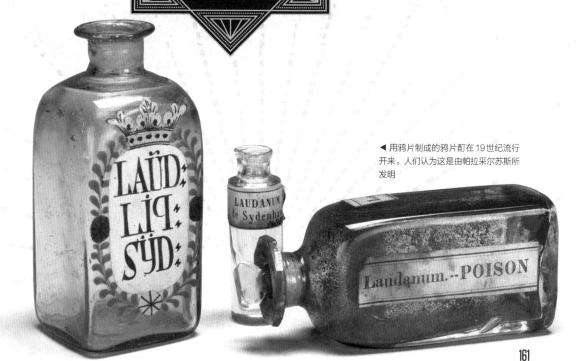

◀ 用鸦片制成的鸦片酊在19世纪流行开来。人们认为这是由帕拉采尔苏斯所发明

我不耻于向流浪汉、屠夫和理发师请教学习。

关键时刻

神秘结局

在巴伐利亚州恩斯特公爵的支持下，帕拉采尔苏斯搬到了萨尔茨堡。1541年夏末，他莫名其妙地病倒；9月21日，他召集了市里的公证人和六名证人见证宣读遗嘱；9月24日，他在白马旅馆去世。按照生前遗愿，他被安葬在圣塞巴斯蒂安教堂。

1541年9月24日

以及使用水银治疗梅毒。不过，他也有为同行诟病的举动，即为病人开出了内容神秘的处方或药方，并且认为那些愚笨的同行无法理解。比如，他针对痢疾开出的药方是"血石、红珊瑚、木炭、菊蒿，按量配比。连同胶水和生物素一起制成锭剂。剂量为3ss"。

帕拉采尔苏斯自诩"来自野蛮国家的野蛮男人"，在世间接受上帝的委任，痛恶循规蹈矩的大学、药剂师和庸医，而后者则给他贴上了"傲慢、愚蠢，与撒旦沆瀣一气"的标签。他也因不依不饶的性格、直言不讳的风格和众生平等的理念不受世人待见。

帕拉采尔苏斯家境不差，父亲是一位小有名气的贵族，这使他从小就可以接触到很多知识，其中便包括炼金术。当时的炼金术士们一直在寻找把铅变成金的秘诀，其中的冶金知识和神秘思想深深吸引了年轻的帕拉采尔苏斯，对他日后的职业发展及发明疾病化学疗法（如使用汞和硫酸铜）产生了深远的影响，彻底颠覆了之前的草药疗法。

帕拉采尔苏斯终其一生都在研究化学和疾病，无暇社交应酬。于是，贵族和王室成员说他是一位邪恶的巫师，而非什么医学先驱，经常逼他免费为众人治病，然后再将他赶走。但帕拉采尔苏斯从不将此放在心上，依旧十分自信与高傲。虽然他脾气暴躁、爱发牢骚，但一生都在突破传统的束缚，探索新的学问。老顽固们对他取得的进步熟视无睹，但他却经常不耻下问，和流浪汉交谈。他不在乎对方的出身和阶级，只在乎是否能学习到知识。他曾写道："我不耻于向流浪汉、屠夫和理发师请教学习。"他还曾因结交底层民众而遭到萨尔茨堡当局的怀疑，认为他协助并参与了农民起义，最后将他驱逐出城。

帕拉采尔苏斯在意大利费拉拉大学获得博士

▲ 在第三帝国时期（1943年），德国为帕拉采尔苏斯制作了一部传记电影

学位后开始四处游历，关于这段经历的传奇故事不胜枚举。一些作家说他到了阿拉伯和埃及，还有人说他曾在伊比利亚半岛习得奥术（尽管这与其生平年表存在矛盾）。但毋庸置疑，帕拉采尔苏斯对同时代的思想家深恶痛绝，曾明言："不懂炼金术就不懂自然，不懂自然就不懂治疗的艺术。"

1526—1527年，帕拉采尔苏斯来到巴塞尔，成了镇上的医生，偶尔在大学里担任讲师。其间，他一直在挑战守旧的教授和志向不合的医生，其实是在挑战传统医学的地位。他还在镇上贴出告示，欢迎所有人前来听讲，并用德语而非拉丁语演讲，打破了当时学术研究的精英正统性。在一次"著名的"演讲中，他还谈到了长生不老药，声称要揭示万物之源。不过，当他开始展示如何通过粪便孕育生命时，人群一片哗然。学生和其他教授听到他说化学变化是身体发生的奇迹后讶然不已，但人们仍从欧洲各地蜂拥而来，聆听演讲。不过，他最终因授课引发骚动及涉嫌参与神秘活动而被驱逐出境，再次过上了四处游荡、居无定所的日子。其间，他白天做医生，晚上做实验、写作，如在1536年完成了《伟大的外科手术之书》（The Great Surgery Book），随后写出了一篇关于矿工职业病的开创性论文。

帕拉采尔苏斯一生饱受追捧与非议。不过，

"帕拉采尔苏斯"可能是他的学生和仰慕者给他起的名字，他在写作时从未使用过（他的现存作品证实了这一点）。"帕拉采尔苏斯"可能是在1世纪罗马医生"采尔苏斯"的名字前添加了"帕拉"（意为超越），以此显示他已超越前人。还有传言说这个名字是他的对手为了诋毁他所起。不过，显然他们的把戏落了空。"帕拉采尔苏斯"听上去很顺耳，而且虽然17世纪时曾有一个小型邪教发展了帕拉采尔苏斯的教义，但随后此类负面组织也烟消云散，再未连累他的名声。

▶ 帕拉采尔苏斯曾在奥地利萨尔茨堡生活和工作过一段时间，在那里有一尊他的纪念雕像

万能溶剂

帕拉采尔苏斯认为这种近乎神话的溶剂是炼金实践的巅峰

保罗·沃克－埃米格

炼金术士潜心研究分解金属和其他物质的方法，希望炼制出神秘的哲人石，认为哲人石是转化的关键。而16世纪瑞士炼金术士帕拉采尔苏斯则在前人研究的基础上提出了万能溶剂的概念。帕拉采尔苏斯认为，能溶解万物的万能溶剂才是炼金术的关键。不过，人们并不知道万能溶剂究竟为何物。以乔治·斯塔克（笔名为"埃伦奈乌斯·菲利莱蒂

据说，帕拉采尔苏斯受阿拉伯语单词"碱"（alkali）的启发，发明了"万能溶剂"（alkahest）一词。

斯"）为代表的炼金术士认为万能溶剂只能将化合物分解为其初始的物质。例如，由铜和金组成的合金经万能溶剂溶解后只能形成纯铜和纯金。

但帕拉采尔苏斯则认为万能溶剂本身就是哲人石，即炼金术士一直寻找的秘密。他认为哲人石就是"原初物质"，其他所有元素都源于此。万能溶剂可以创造某种物质，毁灭某种物质，自然也可将物质还原为最初

这是由著名艺术家小汉斯·荷尔拜因绘制的帕拉采尔苏斯的肖像。帕拉采尔苏斯是"万能溶剂"一词的缔造者

纯净的状态。

当然，仅将万能溶剂当作一种理论假设，无异于纸上谈兵，毫无意义。以帕拉采尔苏斯为代表的一些炼金术士写出了溶剂的原料配方，主要原料有生石灰（氧化钙）、酒精和钾碱（碳酸钾）。帕拉采尔苏斯认为万能溶剂还有药用价值，声称在葡萄酒中加入少量的万能溶剂能够治愈疾病，甚至能益寿延年。

后来，17世纪的佛兰德炼金术士弗朗西斯科斯·墨丘里尔斯·范·海尔蒙特（Franciscus Mercurius van Helmont）成为帕拉采尔苏斯的万能溶剂理论及相关著作的支持者。他研究过材料溶解后的物质，认为万能溶剂确实能将任何物质还原为原始状态。

▶ 一份16世纪炼金术手稿记录了哲人石的创造过程。帕拉采尔苏斯相信这就是万能溶剂

take of ♀ ∧ ... ... it w... y... of flowers of
vive 24 hours. To take ✕ ... take ℥j of o² Min...
(vir ...) make it w... y... ♀ so y... it may first ...
... w... it & afterwards by further agitation be spread ou...
it. This work may last 24 hours or more. To ...
♀ ad ℥j more of y² soap & work as before. This do 7
Then before any Durca be added the matter must b...
kept in agitation as before for at least 7 days (for ...
be better if it be fourteen) adding no soap to it, the s...
being to make it through out any feculence y... may y...
lye concealed in y... ♀ in y... form of a powder (w...
y... ♀ will remain y... purer.

The 3ᵈ Period.

Divide y... last ℥iv of ♀ into 7 parts set this aaa (ma...
of y² prepared ♀ & (Copper) in digestion & imbibe it w...
one part of y... ♀ first, & in about 24 hours will be di...
in y... warmth of a M.B. So do 7 times in all making ...
seven imbibitions w... y... ♀. Seal it up & digest it in a
heat of Balneum (not hotter) for 6 weeks. Then take it
out & divide this stuff into 8 parts. And put one part
of ... your prepared ♀ viz this stuff into a fresh egg g...
strong & of such a size that it may be able to contain
the whole ♀ & y... whole stuff & yet remain three...
parts empty & digest about ...... eight days & there...
reduce it to powder & so upon the new made powder
put successively the other 8ᵗʰ part or ounce [& after
that a 3ᵈ & then y² 4ᵗʰ &c] (so y... you will have in
all ℥xvj) & at last give it a fixing heat with a stron...
fire w... may be about 24 hours. The first Rotation
goes upon ... of method D.

▲ 伟大的科学家艾萨克·牛顿的一页手稿，其中记录了溶剂的配方和万能溶剂的信息

"杰作"

转化也是一种精神升华的杰作……

波普伊－杰伊·帕尔默

哲人石虽具传奇色彩，但与所有物质一样其来有自。比如，"杰作"（拉丁语称Magnum Opus，字面上也有"大著作"的意思）就是用来描述"原初物质"转变为哲人石过程的术语。这一概念与炼金术中的实验过程和化学颜色变化有关，并随着时代的发展被赋予了其他象征意义和精神意义。

"杰作"既可以用以描述物质的转化过程，也可以被诠释为精神的转变，常被用来作为个体化原则的范例，或用作识别某一事物为独立的事物抑或区分某个个体与其所处世界中人与事的标准。

"杰作"代表的哲学思想历经了四个阶段的发展。即最早可追溯至1世纪的黑化，即变黑或黑变病；白化，即变白或白血病；黄化，即变黄或黄变症；红化，即发红变紫或锈色。随着时代的发展，各个阶段的词义也产生了细微的差别。15世纪之后，许多炼金术士和哲学家开始将黄

▲"杰作"一词现在常被用来形容艺术或文学等领域的佳作，比如米开朗琪罗的《创造亚当》

在炼金术中用来代表"杰作"的符号包括乌鸦、天鹅和凤凰。

化和红化合二为一，还有人添加了第五个阶段，即"caudal pavonis"，意为"孔雀尾巴"，用于描述转化中颜色多变的阶段。

一些炼金术士还通过增加各种化学步骤来丰富"杰作"理论，著名的《翠玉录》上的"炼金配方"便是其中之一。但不同的炼金术士采用的操作步骤不一，人人又都以文字的形式论证了各个步骤的合理性。比如，乔治·里普林是16世纪英国最著名的炼金术士之一，曾提出"十二步炼金法"：煅烧、液化、分离、组合、腐化、凝结、加添、升华、发酵、提升、增殖、投射。随后，英国乡村绅士兼炼金术士森姆·诺顿将其简化为14步。

"杰作"的影响已超越炼金术领域，如今常被用来形容艺术、文学、烹饪艺术等领域的佳作，比如米开朗琪罗的《创造亚当》或查尔斯·狄更斯的《大卫·科波菲尔》。

▲ "杰作"起先就是用来描述"原初物质"转变为哲人石过程的术语

乔治·里普林是16世纪英
国最著名的炼金术士之一，
曾提出"十二步炼金法"

173

约翰·迪伊

身为神秘学家、数学家、哲学家抑或间谍的约翰·迪伊同时
涉足魔法和科学两个领域。今天就让我们一起走近他

威洛·温姗姆

约翰·迪伊（John Dee）虽出生于伦敦，但实际上是一位威尔士人。迪伊一家在威尔士人亨利七世成为英格兰国王后移居伦敦。随后多年间，年轻又野心勃勃的迪伊自称是威尔士王子的亲戚，甚至还明里暗里宣称自己是亚瑟王的后裔，为原本卑微的出身建构起一个名门望族的形象。

1545年，迪伊在剑桥大学获得学士学位。在学期间，他因研究炼金术第一次接触到了神秘学，并偶然间掌握了为其后来思想奠定基础的数学思维。他在大学毕业时已经小有名气，并于1554年就任圣职。

1555年，迪伊受英格兰女王玛丽·都铎之命为她及同父异母的妹妹伊丽莎白公主的命运进行占卜，但麻烦接踵而至。5月28日，他和同僚因使用法术被捕，而后情况越发恶化，被指控使用了魔法和巫术。不过，迪伊最终化险为夷，开脱了所有指控，转而为伦敦主教埃德蒙·邦纳担任家庭牧师。

1558年伊丽莎白一世即位后，迪伊的命运似乎迎来了转机。据说，这位新君主对迪伊青睐有加，她的加冕日期便是由迪伊运用占星术推

关键时刻

因巫术被捕

在继位问题尚未尘埃落定之际，政治环境十分凶险。迪伊受命为玛丽一世女王、她的丈夫西班牙国王菲利普二世和伊丽莎白公主施展占星术，但人们认为此举无异于使用巫术，是叛国行为，他也因此锒铛入狱。虽然不知道迪伊是否被严刑拷打，但当局允许对他使用酷刑。

1555年

即便如此，迪伊的职业生涯还是一波三折，从未获得他自认应得的资助和认可。

▲ 迪伊与伊丽莎白一世的关系引起了人们的广泛关注，但这并未为他带来梦寐以求的认可和重用

IOHANNES DEE,
Londinenſis,
Mathematicus Anglorum Celeberrimus
et Socius Collegii Trin. Cambriensis.
Nat. A.1527. d.13 Iulii. Den. A.1608.
Ex collectione Friderici Roth-Scholtzii.

◀ 在迪伊身后数百年间，
他的名字一直与神秘学
存在着千丝万缕的联系

算而定。即便如此，迪伊的职业生涯还是一波三
折，从未获得他自认应得的资助和认可。

至16世纪60年代，迪伊已经成为虔诚的神
秘主义者和奥术信徒。1564年，他出版了《象
形单子》（*The Hieroglyphic Monad*）一书，揭秘
了他所创造的象形符号的含义。他满怀憧憬地将
书献给神圣罗马帝国皇帝马克西米利安二世，但
并未得到他所期望的好评。不过，他还曾声称自
己是被福克斯《使徒行传》除名的魔术师。这次
尝试倒是收到了更好的效果，尽管人的名声并非
轻易就可改变。

此外，在政治抱负方面，迪伊高调支持英国
开拓新大陆，并且希望为英国在与西班牙争夺领
土霸权的拉锯战中谋求更多利益。1577年，他
出版了《关于完美航海艺术的一般和罕见纪念

关键时刻

《象形单子》

迪伊一生创作了许多作品，涉及数学、哲学和神
秘学等诸多领域。但这部仅用12天写成的《象形
单子》却被同代人视为最重要的作品，影响至今。
有人认为这部作品是迪伊与玫瑰十字会思想有联
系的证据。
1564年

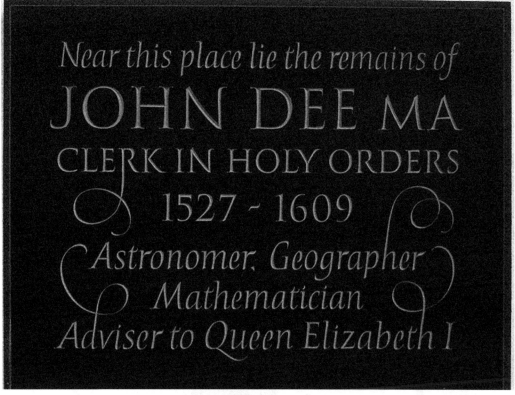

Near this place lie the remains of
JOHN DEE MA
CLERK IN HOLY ORDERS
1527 - 1609
Astronomer, Geographer
Mathematician
Adviser to Queen Elizabeth I

▲ 2013年，莫特莱克的圣母玛利亚教堂为迪伊竖立了一块纪念碑

物》一书，针对大英帝国的发展阐述了自己的雄心壮志。不过，这些抱负最终也都石沉大海，无人问津。

此外，迪伊还酷爱书籍，他在莫特莱克的家中建造的私人图书馆可谓一大奇观，该图书馆号称欧洲最领先的图书馆，迪伊在世时已是英国最大的私人图书馆。1574年，迪伊致信伊丽莎白一世的财政大臣威廉·塞西尔，再次明确表达了他对神秘学的深深痴迷以及获得认可的强烈愿望。迪伊还以知晓威尔士的宝藏为噱头，以此吸引赞助人。

至16世纪80年代，年过半百的迪伊终于承认为自己的蹉跎而感到失望，决心有所改变。于是，他进一步将关注点投向神秘学，开始献身于与灵魂和天使的交流。为此，他便需要一位精通水晶球占卜的搭档，经他之口与灵魂和天使沟通。经过一番面试，迪伊最终选择了本不太可能的人选——已定罪的罪犯爱德华·凯利。

于是，二人开始了通灵实验。迪伊相信二人成功地与天使取得了联系，并认真地记录了与天使的对话。不过，尽管迪伊如此热衷于研究神秘

他坚信自己通过通灵向天使所学的知识将造福人类。

◀ 迪伊和凯利召唤
死者来揭露秘密

关键时刻

邂逅爱德华·凯利

迪伊与凯利的关系决定了他未来人生的走向。凯利这位年轻人燃起了迪伊与天使沟通的愿望，引导他走进神秘世界。天使们向凯利"口述"谕言，迪伊一五一十地将其以文字的形式记录下来。这也为二人的通灵事业提供了宝贵的指导。

1582年

学说，但他仍是一位虔诚的基督徒。祈祷和禁食始终是他精神生活的重要组成部分，他坚信自己通过通灵向天使所学的知识将造福人类。

凯利并非唯一一介入迪伊人生的不速之客。就在这十年间，迪伊在一位名叫阿尔伯特·莱斯基的波兰贵族的劝诱下，带着家人及凯利移居波兰。但他很快便发现莱斯基不仅身无分文，而且在当地十分不受待见。不过，他并未立即返回英国，而是继续带着家人及凯利开启了环欧之旅。即便如此，他也从未间断与天使的交流（据凯利说，天使确实告诉他们首先要和莱斯基去波兰）。这对搭档也希望借助通灵活动吸引一些名人的关注，为此拜见了鲁道夫二世皇帝和波兰国王斯特凡·巴托里。不过，迪伊的仕途依然黯淡无光；但凯利却因炼金术方面的才能被皇帝任命为首席炼金术士。

迪伊在受雇于伊丽莎白一世期间，尤其是在前往欧洲游历后，一直被人怀疑是英国间谍。尽管人们十分敬仰他的学术造诣，但与他接触的君主不免心生疑窦。

凯利和迪伊的关系在十年后恶化，比迪伊年轻近30岁的凯利未去挽回这段关系。凯利声称一位天使传道者曾对他说，男人必须分享所拥有的一切，包括妻子。这让迪伊十分惊讶。二人

虽然似乎已就此达成了一致，但不久之后还是分道扬镳。

尽管当时迪伊和第三任妻子养育的孩子已九个月大，但人们一直无法确定谁才是孩子的真正父亲。

由于迪伊长期在外，他在莫特莱克的房子被人故意破坏，珍贵的图书馆也被洗劫一空。当时的政治和宗教环境并不欢迎他的回归，人们十分排斥他所崇尚的神秘主义，导致他的仕途也一片黑暗。1595年，他被授予曼彻斯特基督学院院长一职，但下属对他并不尊重，以致68岁的迪伊依旧没有获得应有的福利待遇。同时，他也因参与了当时席卷伦敦的驱魔热潮，与声名狼藉的清教徒驱魔者约翰·达雷尔有联系，以及被控犯有欺诈罪而遭到攻击。这一切意味着任何晋升的希望都已化为泡影。

迪伊是玫瑰十字会（the Rosy Cross）会员的可能性极小，也没有实际确凿的证据表明迪伊生前加入过该会。

在詹姆斯一世于伊丽莎白女王之后继承王位后，迪伊的境遇稍有好转，但这位新君并无兴趣资助这位著名的神秘学家。迪伊的余生仍然贫困潦倒，靠卖掉家产维持生计。1609年，迪伊在女儿凯瑟琳的照顾下于莫特莱克去世。

炼金术士的实验室

寻找哲人石的圣殿
16—17世纪
欧洲

很少有学科能如炼金术一样，涵盖文艺复兴所涉及的哲学、科学、神学和魔法等诸多复杂问题。炼金术最早可以追溯到希腊化时期的埃及，当地的古炼金术士不仅制造人工宝石，还想将贱金属转化为金银。到了中世纪，炼金术传到了欧洲，欧洲神学家倡导炼金术与基督教和平共存。人们认为矿物和其他物质可以对人体产生影响；若能找到提炼纯金的秘密，便可借此净化灵魂，升入天堂。

随着文艺复兴的兴起，炼金术成为热门创业项目，许多人为贵族们治病、兜售贵金属以及"长生不老药"，大赚特赚。一些骗子趁机冒充能"创造"黄金的魔术师，以此骗取赞助商和宫廷的青睐。不过一旦阴谋败露，他们便会被监禁，经受酷刑或处决；有些还会因为使用巫术和特别恐怖的方式敬拜魔鬼而遭受惩罚。

不过，受苦的不只炼金术士。那些为了治病而服用汞、铅等重金属的患者最终也没能逃过一命呜呼的结局。

化学品
炼金术士经常使用汞、硫、胆汁、金液、醋和盐来溶解、分离、纯化、重组化学品。事实证明，人在服用含汞的药剂后会丧命。

DORMIENS V

K H V N R

小礼拜堂
炼金术士在进行所有的
实验前必须得到上帝的
认可和帮助，相信上帝
知道长生不老药的秘密。
在文艺复兴时期，神学
和科学密不可分。

阿塔诺鲁
炼金术过程一般长达 40 周。
一旦装满煤炭，被称为"阿塔
诺鲁"的熔炉可在无人监管下
长时间工作。这便使炼金术士
在躲避迫害的同时，可以继续
秘密进行炼金术实验。

乐器台
炼金术士认为神圣的音乐可
以消除消极的思想，阻拦影
响他们工作的恶灵；此外还
认为乐器振动可以引起化学
变化。

巴兹尔·瓦伦丁

巴兹尔·瓦伦丁无论是真实存在的人物，还是神话传说，
都不影响今人相信他的作品里记录着哲人石的秘密

迪伊·迪伊·谢内

▼ 这是马特乌斯·梅里安（1618年）创作的木刻画，画中描绘了炼金术著作《巴兹尔·瓦伦丁的十二把钥匙》中的第一把钥匙

▲ 今天，许多人仍然能够识别《巴兹尔·瓦伦丁的十二把钥匙》中的一些符号。在此可以看到赫尔墨斯的节杖和占星术中的水星符号

巴兹尔·瓦伦丁，又名巴吉利乌斯·瓦伦廷，他在名字被译成英语前，就已广为人们熟知。他被视为一位笼罩在神秘面纱下的模糊人物，以致人们无法确认他到底是真人，还是后世许多作者共同使用，甚或是在作品成型很久之后才加上去的笔名。

即便如此，巴兹尔·瓦伦丁仍作为15世纪德国最著名的炼金术哲学家之一而被载入史册。不过，也有人说他生于17世纪，认为他可能是德国埃尔福特的圣彼得本笃会修道院的牧师会成员，但有人指出这个名字在1600年之前从未出现过。

如今，许多人认为那些署名瓦伦丁的著作实际上是由生活在17世纪初德国图林根州的制盐商约翰·泰尔德所作。泰尔德此前曾撰写过《哈吉奥格拉法》一书，论述了萃取盐的复杂过程。若是对照瓦伦丁著作中运用的采矿、金属和化学相关的知识，便可更加相信这一说法。很多人相信瓦伦丁的前五部作品确实出自泰尔德之手，但他也只是众多使用这个笔名的作家之一。

1599年，泰尔德出版了一本名为《巴兹尔·瓦伦丁的十二把钥匙》的炼金术著作。据说，此书的第一部分关于如何寻找难以得到的哲人石。第二部分分为12个小部分，分别讲述了哲人石制造的各个步骤，并配有具有象征意义的图片，对应着字里行间的各种寓言。

> 巴兹尔·瓦伦丁精通科学，能够解释如何制造盐酸和硫酸。

书中使用的语言晦涩难懂，只有精通炼金术的人才能读懂其中的含义。

▲ 根据史料显示，后世有许多科学家和哲学家研习过巴兹尔·瓦伦丁的作品，其中也包括艾萨克·牛顿

书中使用的语言晦涩难懂，只有精通炼金术的人才能读懂其中的含义。不仅如此，作者虽然列出了炼制哲人石需要的材料，但为了迷惑新晋炼金术士，不让秘密被无知的读者发现，还设置了许多语言陷阱，很多材料的名字也常随步骤变化。

许多现代学者试图按图索骥，重复各个步骤。有些人声称他们运用现代实验技术确实重复了书中实验并得到了实验结果，书中其余图片也揭示了炼金术的理论。不过，这本书至今还是一个谜。

巴兹尔·瓦伦丁的作品现已被翻译成英、法、俄等多种语言，很容易在市面上购得。

玫瑰十字会

一个神秘的宗教组织自称在隐匿数十年后重新登上了历史舞台，
由此掀起了一场新兴的精神运动，也引起了轩然大波

大卫·克鲁克斯（David Crookes）

17世纪初的欧洲充斥着宗教分裂和政治冲突，最终引发长达三十年的战争，造成800万人丧生。

与此同时，牛顿和笛卡尔等著名思想家崭露头角，现代哲学和科学随之诞生。有人相信他们就是玫瑰十字会的成员，但事实已无从考证。

关于玫瑰十字会，坊间流传着许多故事和传说。不过，可以确定的是1614年在神圣罗马帝国的黑森州卡塞尔（今德

▶ 据说英国哲学家、科学家、政治家和作家弗朗西斯·培根也与玫瑰十字会有关

玫瑰十字会的核心教义是相信成员都是古代流传至今的改变人生秘密的守护者。

在17世纪欧洲启蒙运动的影响下，玫瑰十字会最终销声匿迹。

国城市）匿名出版了一份名为《兄弟会传说》的宣言（两份中的第一份），宣告着一个神秘的宗教组织登上了历史舞台，由此掀起了一场新兴的精神运动，也引起了轩然大波。

自从玫瑰十字会诞生之日起，关于其起源问题，就流传着不同的说法。虽然《兄弟会传说》对于每一位读者或研究者而言都具有启示意义，认为它推动了知识、社会、宗教和政治改革的发展，但仍有人认为它不过是个彻头彻尾的骗局、笑话、寓言。

《兄弟会传说》讲述了贫穷的德国医生、神秘哲学家克里斯蒂安·罗森克鲁兹（《兄弟会传说》称其为玫瑰十字会创立人）的故事。据说他在15世纪初穿越大马士革、埃及和摩洛哥，前往耶路撒冷，以期探索宇宙的奥秘，求索真正的智慧，研制长生不老药。

据说罗森克鲁兹经过上述旅途，秘密求学于阿拉伯神秘艺术大师，最终学有所成，在物理、数学、魔法和卡巴拉教等方面造诣深厚。

他在1407年回到德国后，深感自己有能力和义务宣讲所学，于是不顾文人学士的讥讽迎难直上，创立了玫瑰十字会。他先是将知识分享给三位乐于接受的医生，两年后建造了一个名为圣灵之家的圣殿，以供当时八名追随者每年同一时间相聚。

据说，这八名成员都是善良的医生，决意免费医治病人。他们约定只穿当地的服装，寻觅在他们死后值得托付的传承人，确保兄弟会的秘密在百年内不被发现。

按照玫瑰十字会的说法，罗森克鲁兹亲自抄写了教义，并隐藏起抄本。余者只知道《玫瑰十字会教义》中记录着秘密运动及《兄弟会传说》中满是寓言，但不懂其中含义。

玫瑰十字会揭示了古老世界的运行秩序，将

▲ 克里斯蒂安·罗森克鲁兹坟墓的想象画，宛如一座圣山

约翰·瓦伦丁·安德烈撰写了《基督徒罗森克鲁兹的化学婚礼》，认为玫瑰十字会是"有趣的事物"。

玫瑰十字架

据说，玫瑰十字会创始人克里斯蒂安·罗森克鲁兹创造了玫瑰十字架。不过，随着罗森克鲁兹为虚构人物的观点广为人知，可以推断是那些写出"宣言"、支持运动的人创造了玫瑰十字架。

玫瑰十字架的图腾是在基督十字架的中心嵌入一朵玫瑰，契合了克里斯蒂安·罗森克鲁兹的名字（罗森克鲁兹的"Rosenkreuz"即包含玫瑰"rose"）。虽然不少人认为十字架代表人体，玫瑰代表个人意识的觉醒，但它的实际象征意义仍无法考证。

有些人认为玫瑰十字架代表了沉默与救赎，也有人认为玫瑰代表女性，十字架代表男性，所以玫瑰十字架象征着人类从生物层面到精神层面的升华。

这就是玫瑰十字架的能量与魅力，神秘又让人着迷，以致被后世团体广泛借用，其中就有1888年至1903年研究神秘学的"黄金黎明赫尔墨斯修会"。时至今日，玫瑰十字架仍然是"玫瑰十字学会和古代神秘玫瑰十字会"（简称AMORC）的象征。

▶ 十字架上的玫瑰红金白相间

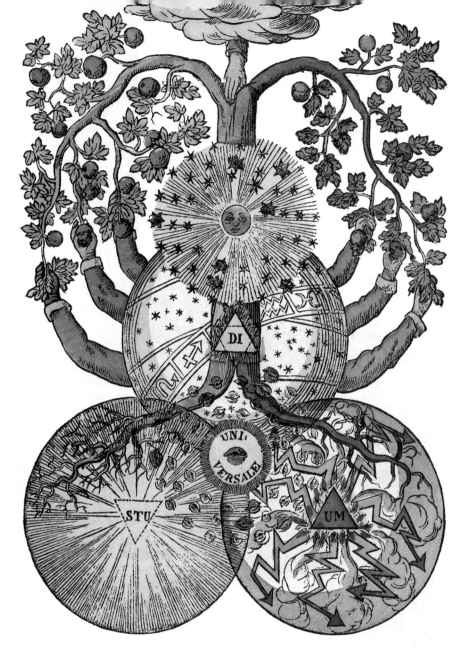

▲ 知善恶树，出自1785年的《玫瑰十字会的秘密符号》

科学、炼金术、艺术和神秘主义融合在一起，强调知识将推进人类的发展。它与卡巴拉相似，都使用各种符号、寓言和隐喻来阐述真理。

与专注于研究哲学、宗教和伦理的《兄弟会传说》不同，1615年发表的第二份匿名宣言《兄弟会自白》在此基础上进一步大量使用寓言，并直言罗森克鲁兹的知识都来自天使和精灵的传授。

《兄弟会自白》进一步巩固了玫瑰十字会所宣扬的神秘秩序和"隐于世人之间"的理念，宣称成员能够"洞悉自然、物质世界和精神世界"，从而提升成员的自信心。同时，它还竭力使成员相信这场运动很早之前就已启动，因而令人感到安慰，尽管事实并非如此。据说，罗森克鲁兹在1484年106岁时去世，并被安葬于圣殿，圣殿内部有宝藏和太阳相伴。

根据《玫瑰十字会的启蒙运动》一书作者弗朗西斯·耶茨的说法，圣殿在120年后的1604

▲ 这幅画出自莱昂·塔西尔之手，描绘了预备了羊肉、葡萄酒和面包的玫瑰十字会的宴会

梅耶在《喧闹后的宁静》中声称玫瑰十字会是一切宗教之下终极哲学的产物。

年被发现，且保存状态完好；圣殿的发现简直是欧洲即将面临大变革的信号，而圣殿的开启也象征着欧洲打开了一扇新的大门，开启了一个具有全新意义的时代。此外，不难发现玫瑰十字会的故事与基督教有着千丝万缕的联系。事实上，的确有人认为前述宣言就是新教路德会神学家约翰·瓦伦丁·安德烈所作，只是至今相关争论仍无答案。

不过，安德烈确实在1616年写成了《基督徒罗森克鲁兹的化学婚礼》一书，讲述了炼金术的传奇故事，很受读者欢迎。同时，该书参考了基督教的教义，比如将故事分为"七天"，就参考了《创世纪》。此外，该书还致敬了"众光之父"，这显然是英王詹姆斯一世钦定《圣经》中的《雅各书》中的人物。安德烈将玫瑰十字会称为"ludibrium"，意为"有趣的事物"，他的书中清楚地记录了玫瑰十字会的起源问题。

鲁本·克莱默原是玫瑰十字会的大导师，也是1965出版的《玫瑰十字会教义》的作者。他

曾指出《兄弟会传说》运用象征手法和帕拉采尔苏斯的思想，阐述了许多概念和深奥的理论。帕拉采尔苏斯在文艺复兴时期领导了医学革命，玫瑰十字会应该研究过他的相关预言。此外，1622年去世的玫瑰十字会成员米歇尔·梅耶生前说道："我们的教义源于并融合了埃及人、萨莫色雷斯岛人、波斯的东方三博士、毕达哥拉斯的追随者和阿拉伯人的思想。"在此背景下，玫瑰十字会形成了具有启发性的世界观，吸引了众多追随者，其中就有英国哲学家和科学家弗朗西斯·培根（有人认为他可能就是1614年和1615年宣言的真实作者）。玫瑰十字会的成员认为他们每人都是独一无二的精英，相信玫瑰十字会拥有让万物有序运作的神秘力量。

不仅如此，玫瑰十字会影响甚广。比如，正是在其影响下，英国皇家学会的前身"隐形学院"得以成立。玫瑰十字会的教义是希望带领人们步入一个传播善行、分享艺术和自然科学知识的乌托邦世界。而隐形学院的教义是认为知识可

▲《兄弟会传说》的首页。该书讲述了玫瑰十字会创始人克里斯蒂安·罗森克鲁兹的故事，但大多数人认为他是虚构人物

以在秘密团体中有学问的人之间传播。可见，两者既有联系，也有区别。

玫瑰十字会的影响不止于此。英国散文家托马斯·德·昆西认为，玫瑰十字会对共济会也产生了影响，所以有共济会源于玫瑰十字会的说法。比如，著名的玫瑰十字会成员伊莱亚斯·阿什莫尔就曾于 1646 年 10 月 16 日加入共济会；1750 年，共济会还效仿玫瑰十字会举行了一些仪式。

玫瑰十字会虽然逐步成为秘密社团，但并非成立伊始就是如此。尽管罗森克鲁兹的故事声称玫瑰十字会要闭门聚会，"隐于世人之间"，但真实情况很有可能是玫瑰十字会形成于 17 世纪早期，而且是在公开的情况下形成的，因为既然有了公开出版物，其内部情况便很难保密。

玫瑰十字会融合了科学、炼金术、艺术和神秘主义等思想，揭示了古老世界的运行秩序。

▶ 德国神学家约翰·瓦伦丁·安德烈声称自己是《基督徒罗森克鲁兹的化学婚礼》一书的作者

炼金术成就现代化学

虽然炼金术士没有成功将贱金属转化为黄金，但他们的研究推动了现代化学的诞生

马克·德桑蒂斯（Marc De Santis）

中世纪晚期，罗马天主教会严重怀疑炼金术与古老的异教习俗及魔法有着深厚的渊源，因而对其十分排斥。当时的人们只能通过基督教的圣礼追求长生不老，而非通过炼金术获得传说中的"长生不老药"。政界和宗教界认为炼金术百害无利，遂勒令禁止。意大利诗人但丁的《神曲》更是将炼金术士打入地狱。

与此同时，炼金术由于一直无法成功将铅转化为黄金，也使人们对于转化可行性的怀疑不断加深，尽管一些炼金术士仍然对此坚持。

至17世纪，炼金术先后从研究亚里士多德的"四大元素"论、寻求长生不老药、转化贱金属，转而研究现代化学。在坎坷的融合转化过程中，有的炼金术士因循守旧，有的则标新立异、以实验为基。

像罗伯特·波义耳和科学泰斗艾萨克·牛顿这样的大人物都对炼金术和现代化学这两种"化学"进行过研究。其实，化学领域并非孤例，天文学也是如此。比如，杰出的天文学家约翰尼斯·开普勒和伽利略·伽利雷都曾提出占星术的理论。最终，至18世纪初以法国人安托万·拉瓦锡为代表的化学家塑造了现代化学。

安托万·拉瓦锡和他的妻子化学家玛丽·安妮

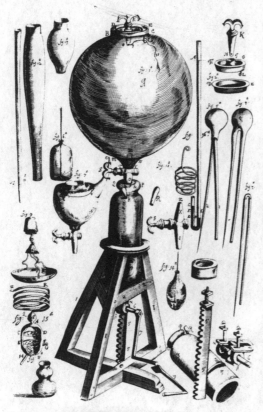

▲ 罗伯特·波义耳的气泵草图，用于进行空气试验

▲ 英国人罗伯特·波义耳撰写了《怀疑派化学家》，他致力于将化学变为一门科学

罗伯特·波义耳

罗伯特·波义耳（1627—1691）出身于英国的名门望族。其先祖曾在16世纪对爱尔兰进行殖民，其父也曾富甲一方，后来虽因腐败而入狱，但又被改判无罪，出狱后在爱尔兰广置土地，东山再起，成为科克伯爵。

由于家境殷实，波义耳得以在家庭的支持下专心研究科学。他曾师从私人教师，后又求学于伊顿公学。衣食无忧的他曾到欧洲各地游历学习，如在意大利便了解到伽利略的科学贡献。他最终学有所成，不仅获得牛津大学的荣誉医学博士学位，而且成为英国皇家学会会员。

可见，波义耳无疑是当时科学界的核心人物。他还通过书信与其他科学家进行交流，并分享自己的发现。精力充沛的他还是一名化学顾问，一边经营着自己的私人实验室，一边监督其他人的实验，同时资助更多的人进行实验。他在1661年撰写的论文《怀疑派化学家》就是以实验为基础，对化学与早期炼金术进行了区分。

1708年，炼金术士约翰·弗里德里希·伯特格尔用化学方法生产瓷器。此前他因炼金术士的身份，一直被关押在狱，被逼炼制黄金。

波义耳的成就之一是在分析化学方面的开创性工作。他发现火无法将材料分解回物质组成时的初始状态，因此得出溶液化学更为可靠的结论，提出用溶液化学代替物质燃烧的传统热解。波义耳还用酸和碱配比出可以溶解物质的试剂，以便实验使用。

波义耳是第一批真正的化学家。他通过量化研究和细致测量，取得诸多成就。其中最伟大的一项便是波义耳定律，即气体的压强和体积成反比关系。

波义耳还驳斥了古代的化学成分理论，即物质由土、水、气、火组成。他不赞同亚里士多德的"四大元素"论。但由于所处时代的局限性，他仍不知道构成物质的元素及比例。尽管波义耳的杰出成就塑造了现代化学的雏形，但他仍然认为炼金术中的转化确实是存在的。波义耳于1691年去世，临终前特意专门向同时代的另一位科学巨人艾萨克·牛顿透露了一种能将水银转化为黄金的红土配方。

牛顿：最后的魔术师

艾萨克·牛顿（1643—1727）在物理上的杰出成就已无须赘述，但他也是一名对化学求知若渴的科学研究者，研究了汞和锑等各种物质。他还潜心钻研炼金术，购买了炼金术书籍以及必要的仪器。由于当时炼金术士的社会地位低下，牛顿只能通过非正常的手段获取炼金术前辈流传下来的未刊书稿，甚至还亲手抄写过。

物理学和炼金术蕴含着截然不同的哲学思想。在牛顿研究的物理学中，大自然的运行完全是物质的、遵循客观规律的，而不讲求"精神"。但炼金术的哲学思想具有浓厚的精神色彩，认为自然源于精神。物理学上的物质都是没有生命的，而炼金术则认为物质都是有生命的，这便是

▲ 艾萨克·牛顿被称为"最后一位魔法师"，他既是现代科学家，也是一位狂热的炼金术士

自然现象产生的主要原因。

牛顿花费了大量时间研究炼金术。与许多其他早期的炼金术士不同，他对炼制黄金并不感兴趣，而是一心寻求真相。可以说，牛顿是一位探索者，而炼金术则是其探索的途径。

牛顿还是玫瑰十字会的成员。玫瑰十字会是17世纪时由神秘炼金术士组成的兄弟会。牛顿去世后，人们发现他的图书馆里收藏了大量炼金术书籍，其中最著名的是关于玫瑰十字会的，比如满是牛顿亲笔批注的玫瑰十字会宣言的副本。此外，图书馆也收藏了研究玫瑰十字会的著名学者米歇尔·梅耶的九卷本著作。

牛顿去世后的数百年间，人们尚不清楚牛顿在炼金术方面的成就。20世纪30年代，著名经济学家约翰·梅纳德·凯恩斯通过竞拍购得牛顿的一些论文，经过分析发现了牛顿鲜为人知的一面。凯恩斯总结称，牛顿不是理性时代的第一

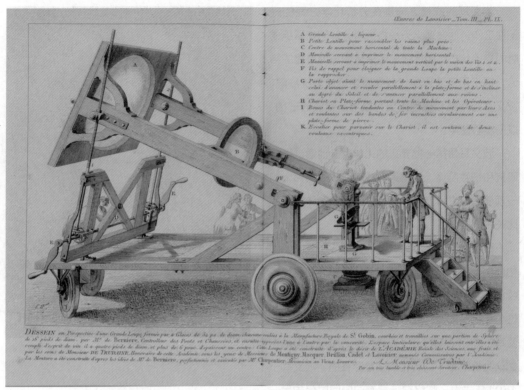

▲ 安托万·拉瓦锡用太阳能炉进行实验

人，而是最后一位魔法师，最后一位巴比伦人和苏美尔人，最后一位能与近万年前的科学家拥有相同眼光看待客观世界、建立文明、开启智慧的伟人。

理性时代的化学

欧洲在18世纪建立起现代科学方法。科学家们对研究成果不再保密，而是自由交流分享，并在全欧洲政府的支持下成立了科学协会。

18世纪的"化学革命"彻底颠覆了化学。现代新化学要求精准的测量和严格的逻辑论证。这场革命最大的进步是在反复的推敲和实验后，确定了不同化学物质的不同特性。

法国人安托万·拉瓦锡（1743—1794）体现了新时代精神。他虽通过了律师考试，但一心向往化学。他还参与了街道照明的改善工作，并在21岁时成为法国科学院的一员。

自此之后，拉瓦锡为化学做出了诸多卓越的贡献。例如，他通过实验发现水在长时间加热后并不会转化为土，这与古老的炼金术的说法背道而驰。经此实验，他又确立了一个化学基本原理，即质量守恒定律。

1775年，拉瓦锡发现氧气有助燃作用。基于这个新发现，他指出油性物质无法点燃燃素。他还发现无法通过化学手段将化学元素还原为更简单的物质。化学物质要么是元素，要么是元素的化合物。

此外，他还参与对化学物质的命名，开创了现代化学中使用的系统命名法。1794年，拉瓦锡去世，享年51岁，而当时化学发展的水平已可与今日比肩。

▲ 17世纪的意大利化学家安杰洛·萨拉
驳斥了亚里士多德的"四大元素"论

安杰洛·萨拉

化学家安杰洛·萨拉（Angelo Sala，1576—1637）因信奉加尔文新教而与信奉天主教的其他意大利人格格不入。他和牛顿一样同时研究炼金术与科学，信奉"三元素"论。他最伟大的成就之一便是证明了一种物质在与另一种物质结合后仍能保持其原有的特性。这一理论与亚里士多德的观点截然相反，后者认为一种物质在与另一种物质发生反应后会完全失去原有的特性。

萨拉并不认可亚里士多德的观点，于是开始寻求真相。1617年，他撰写了《硫酸解剖学》（*The Anatomy of Vitriol*），向全世界介绍了一项研究化学结构的实验。首先，他将称重好的铜在加热的硫酸中进行溶解，加入水生成"蓝硫酸"，即五水合硫酸铜。接着，他将其转化为氧化铜，而后再把它还原为铜。最后，他对铜进行称重，证明与最初的铜质量相同。实验证明铜在与其他物质结合后仍保持其特性，没有任何损耗，由此证明了亚里士多德的"四大元素"论的错误。

萨拉还证明了自制的蓝矾与自然生成的蓝矾是相同的，彻底颠覆了转化理论。传统的炼金术认为拥有灵魂的矿物是活的生物。萨拉则利用化学反应制造合成了"蓝硫酸"，证明了其并非生物，转化的说法不攻自破。

炼金术的终结

詹姆斯·普莱斯为自己的谎言付出了沉重的代价

威洛·温姗姆

历史上著名的詹姆斯·普莱斯（James Price）原名为詹姆斯·希金伯瑟姆（James Higinbotham），因一位亲戚遗嘱的要求而改姓"普莱斯"。他出生于伦敦，毕业于牛津大学，1781年29岁时当选为英国皇家学会会员。

这位才华横溢的炼金术士兼化学家相信他可以将贱金属转化为贵金属，加上最初的实验大获成功，于是他便在1782年5月进行了公开实验。在观众全神贯注的注视下，他将硼砂、木炭和硝石混合在一起，加入水银后在坩埚中加热。随后加入的才是关键材料：普莱斯特别研制的制金红

▲ 一些人认为詹姆斯·普莱斯意识到骗局即将败露，所以自杀以保全声誉

这是 17 世纪晚期一幅神秘的雌雄同体画作，画中的龙象征易挥发的水银，是典型的炼金术象征

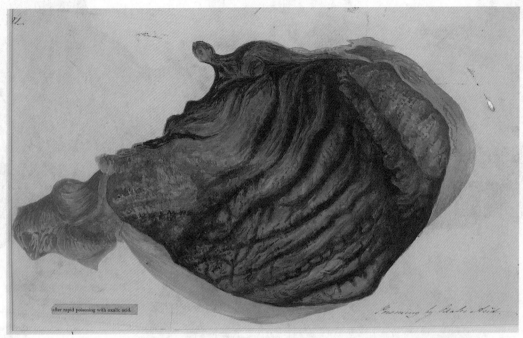

after rapid poisoning with oxalic acid.

▲ 月桂水是从月桂樱的叶子中蒸馏得来，含有氢氰酸或氰化氢，服用后会中毒身亡

粉与制银白粉。

普莱斯先后进行了七次实验。1782年5月25日，在昂斯洛勋爵、国王和帕默斯顿的见证下，他进行了最后一次实验，并将炼成的黄金献给了国王乔治三世。

一本小册子记录了普莱斯关于水银、银和金的实验大获成功。但并非所有人都信以为然。以英国皇家学会会长约瑟夫·班克斯为首的会员们声明只有亲眼目睹实验过程，才能相信普莱斯。普莱斯原不同意，但最终只得妥协（尽管很勉强）。1783年年初，他回到萨里郡斯托克的实验室，准备实验所需的粉末。

8月3日，三名学会成员出席并见证了普莱斯所谓的高光时刻。然而，在普莱斯亲切地与众人打过招呼之后，意外发生了。

普莱斯拿出一瓶神秘液体一饮而尽，几分钟后便重重倒地。他最终因摄入月桂水而死，其中含有几乎立即致死的氢氰酸。

很快谣言四起。虽然最合理的解释莫过于自杀，但有迹象表明三名学会成员可能强迫普莱斯自杀，伪造了自杀的假象，甚至直接杀害了普莱斯。

普莱斯死后，炼金术在英国海岸逐渐销声匿迹，英国皇家学会就此禁止了相关讨论。

玛丽：泄露天机

玛丽·安妮·阿特伍德在灵性炼金术领域举足轻重，
但留下的著作却凤毛麟角

威洛·温姗姆

▼ 灵性炼金术讲求从恐惧与不良信仰中解放自我精神

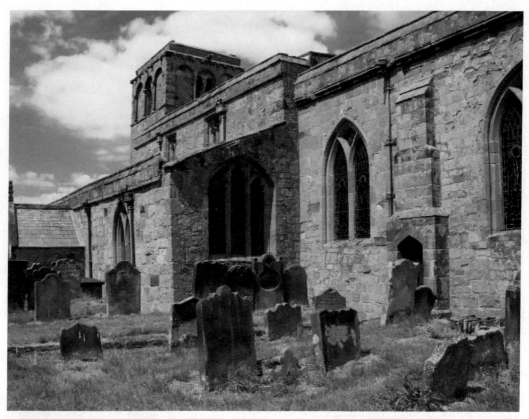

▲ 玛丽和奥尔本·托马斯·阿特伍德育有一子，名为罗伯特·阿特伍德。1883年，奥尔本去世；27年后，玛丽去世

1817年，玛丽·安妮·索斯出生于法国，但不久就随家人来到英国汉普郡戈斯波特，在那里度过了童年时光。

虽然人们更加熟悉玛丽婚后的姓氏阿特伍德，但她的主要炼金术著作实际上是在婚前完成的。玛丽与父亲托马斯十分亲密。父亲是一名灵性研究者，对炼金术十分感兴趣，由此也激发了玛丽对炼金术的兴趣和实践，两人经常一起工作。

玛丽没有受过正规教育，但这没有阻碍她的发展，她自学达到精通希腊语和拉丁语的程度。父亲认为女儿的智力与自己相当，这也造成了玛丽一生中最大的悲剧。父女俩都想把炼金术中的智慧思想写到作品中。父亲想写诗歌，玛丽则想写散文，以便将炼金术的终极目标是完善精神的理论公之于众。玛丽先于父亲完成了创作，虽然父亲没有提前审阅，但仍允许她付印出来。这部名为《神秘炼金术的隐秘调查》的著作于1850年出版，但没过多久父亲就拿走了大部分副本，连同自己未完成的诗歌一起烧毁。父亲指责玛丽的著作泄露了太多秘密，等他发现为时已晚，只能出此下策。玛丽表面上同意父亲的做法，但后来的资料表明这几乎摧毁了她所有的心血，可想而知她所受打击之重。

1859年，玛丽嫁给了英国圣公会牧师奥尔本·托马斯·阿特伍德。他负责北约克郡瑟斯克附近的一个教区，玛丽随他在那里度过了余生。虽然《神秘炼金术的隐秘调查》出版之后玛丽没

▲ 1989年，林赛·克拉克出版了小说《化学婚礼》，这部以炼金术为主题的小说灵感源于玛丽和她的父亲托马斯·索斯

有再写文章，但这并不意味着她智慧枯竭或停止思考。在她生命的最后几年里，她仍与几位杰出的见神论（theosophy）者保持书信往来，字里行间都展现着她思想的深度。

玛丽于1910年4月13日去世。去世前曾有一句遗言流传至今："我找不到我的重心。"她被安葬在约克郡利克的圣玛丽教堂。1918年《神秘炼金术的隐秘调查》再版，得以重见天日。读者认为该书对炼金术精神解释理论的建构具有重要影响。

出版后没过多久父亲就拿走了大部分副本，连同自己未完成的诗歌一起烧毁。

THE PICTORIAL KEY
TO THE TAROT

Being Fragments of a Secret
Tradition under the Veil
of Divination

By
ARTHUR EDWARD WAITE

With 78 Plates, illustrating the Greater and Lesser Arcana,
from designs by Pamela Colman Smith.

LONDON
WILLIAM RIDER & SON LIMITED
1911

如今，韦特因撰写和翻译了大量关于奥术的作品而被视为神秘主义者。韦特塔罗牌就是其重要的作品之一

继索拉·布斯卡（Sola-Busca）塔罗牌之后，莱德韦特塔罗牌问世。这副牌不仅为大阿尔克那牌，也为小阿尔克那牌设计了富有寓意的插画，令人耳目一新

韦特与奥术界的许多知名人士关系并不好。

韦特：塔罗牌的作者

韦特一生功成名就，最有影响力的作品就是流传至今的韦特塔罗牌

迪伊·迪伊·谢内

亚瑟·爱德华·韦特（Arthur Edward Waite）是西方神秘学中最杰出的代表人物之一。韦特1857年出生于纽约，早年家庭条件十分困苦。他的父亲查尔斯·韦特船长随商船出海时去世，母亲艾玛·洛弗尔本是富商之女，当时正有孕在身。艾玛决定带着韦特和他年幼的妹妹回到英国。幼时的韦特在伦敦北部的一所私立学校上学，十几岁时转到了圣查尔斯学院。

从学校毕业后，韦特成为一名办事员，同时担任《未知的世界》杂志的编辑，大部分时间都在写作。他虽自幼是罗马天主教教徒，但长大后尤其是在17岁历经妹妹夭折后，对神秘学产生了浓厚的兴趣。

韦特在二十几岁时与爱达·拉克曼（又名卢卡斯塔）结婚。然而，好运并没有眷顾这家人。数年后，悲剧再次发生。1924年，卢卡斯塔去世，留下韦特和一个需要照顾的女儿。后来，韦特与玛丽·布罗德本特·斯科菲尔德再婚。

韦特在大英博物馆的大图书馆读到法国17世纪的神秘主义者埃利法斯·利维（Eliphas Levi）的著作，被其智慧所吸引。约于1888

▲ 韦特曾翻译过《赫尔墨斯之书（第二十二章）》等著作，这表明他想与神祇建立联系，而非获得魔法

年，塞缪尔·马瑟斯（Samuel Mathers）在家中创立名为"黄金黎明赫尔墨斯修会"（简称"黄金黎明"）的社团，韦特出席了创会仪式并正式入会。事实证明，他与其他成员的关系并不好，两年后便退了会；但1896年又重新入会，并于1899年晋升为社团的第二等级"第二结社"。

1901年，韦特成为共济会会员，随后声名大振，不久又加入了安格利亚蔷薇十字会（the Societas Rosicruciana in Anglia）。而"黄金黎明"则因内部纷争不断而前路渺茫，加之又出现了许多分支，解散只是时间问题。

在离开"黄金黎明"一年后，韦特又在1915年加入玫瑰十字会。他与奥术圈的许多知

名人士关系并不好，阿莱斯特·克劳利便是其中之一。但是韦特也结交了像作家阿瑟·马亨（Arthur Machen）等朋友。

韦特撰写了许多关于神秘学的著作，涉及占卜、仪式魔法和炼金术。1909年，他因与帕梅拉·柯曼·史密斯（Pamela Colman Smith）共同创作了莱德韦特（Rider-Waite）塔罗牌（韦特塔罗牌）而声名大噪。随附的文本《塔罗之钥》（*Key to the Tarot*）经修改被命名为《塔罗图形关键》（*Pictorial Key to the Tarot*）。

韦特撰写了多部著作，其中以《仪式魔法之书》（*Book of Ceremonial Magic*）为代表的著作，至今仍在刊印，为热爱神秘学的人们所喜读。

富尔卡纳利：最后的传奇

无论富尔卡纳利是真实存在的人物还是神话传说，人们
对于这位现代炼金术士的痴迷都已成为一种文化现象

迪伊·迪伊·谢内

▲"富尔卡纳利"（Fulcanelli）之名结合了掌控圣火的罗马火神
（Vulcan）和基督教先知"以利亚"（Elijah）或"神"（El，迦南人对神
的称呼）的名字

富尔卡纳利（Fulcanelli）如同其他传说中的历史人物一样神秘莫测，无人知晓他的真实身份。他可能是法国人，出生于1839年。他的著作明显是由精通炼金术的人所作，而他的助手尤金·坎塞利特（Eugène Canseliet）宣称亲眼见证了他将铅成功转化为黄金的全过程。据说，在20世纪20年代，富尔卡纳利将知识传授给坎塞利特后便销声匿迹。也有人说他在第二次世界大战中活了下来，直到1944年巴黎解放后才不知所踪。坎塞利特声称最后一次见到富尔卡纳利是在1953年的塞维利亚。当时，一位男子问他："你认识我吗？"坎塞利特才意识到对方可能就是富尔卡纳利。年岁过百的他看起来比上次见面时还年轻了20岁，这可能是因为

富尔卡纳利最重要的著作当数
《大教堂的秘密》。此书的序言
由其助手坎塞利特撰写，卷首
插图由朱利安·尚帕涅绘制

1910.

▲ 一些人认为富尔卡纳利最虔诚的学生兼助手坎塞利特实际上就是富尔卡纳利本人。难道这就是真相吗?

他发现了长生不老的秘密。

关于富尔卡纳利的真实身份,前人有过诸多猜想。有说他是法国神秘学家,说他是前法国王室成员,说他是圣日尔曼伯爵,还有说他是18世纪的炼金术士。甚至还有人猜测坎塞利特,抑或神秘主义者兼插画家朱利安·尚帕涅就是富尔卡纳利。

当然,也有人认为富尔卡纳利是赫利奥坡里斯兄弟会全体成员的笔名。其中成员有且不限于坎塞利特、尚帕涅、神秘主义者和共济会会员朱尔·布歇、巴黎图书管理员皮埃尔·迪若尔。

在富尔卡纳利于20世纪20年代失踪后出版的《大教堂的秘密》(*Le Mystère des Cathédrales*)和《炼金术士住所》

据说富尔卡纳利曾于1937年现身巴黎,向熟人警告核武器的危害。

(*Les Demeures Philosophales*),至今仍在刊印。两书揭示了巴黎圣母院等重要纪念碑的炼金术象征意义,讲述了中世纪和文艺复兴时期的科学和炼金术知识,但仍然使用晦涩难懂的希腊文和拉丁文,以及一语双关的形式,一看就是要把所有对炼金术一窍不通的人拒之门外。两书最初只印了300本,但在20世纪50年代和60年代重印后受到了广泛追捧。不久,人们便对这名神秘且失踪的炼金术士产生了狂热的研究兴趣。传闻富尔卡纳利曾将第三本书《世界光荣的末日》(*Finis Gloriae Mundi*)委托给坎塞利特,似乎他认为当时并非出版良机。但可以确定的是,1999年由马克·萨瓦里出版,署名"富尔卡纳利"的同名著作《富尔卡纳利》是公认的赝品。

213

按照富尔卡纳利所言，
他应该已经掌握了炼金
术的惊天秘密

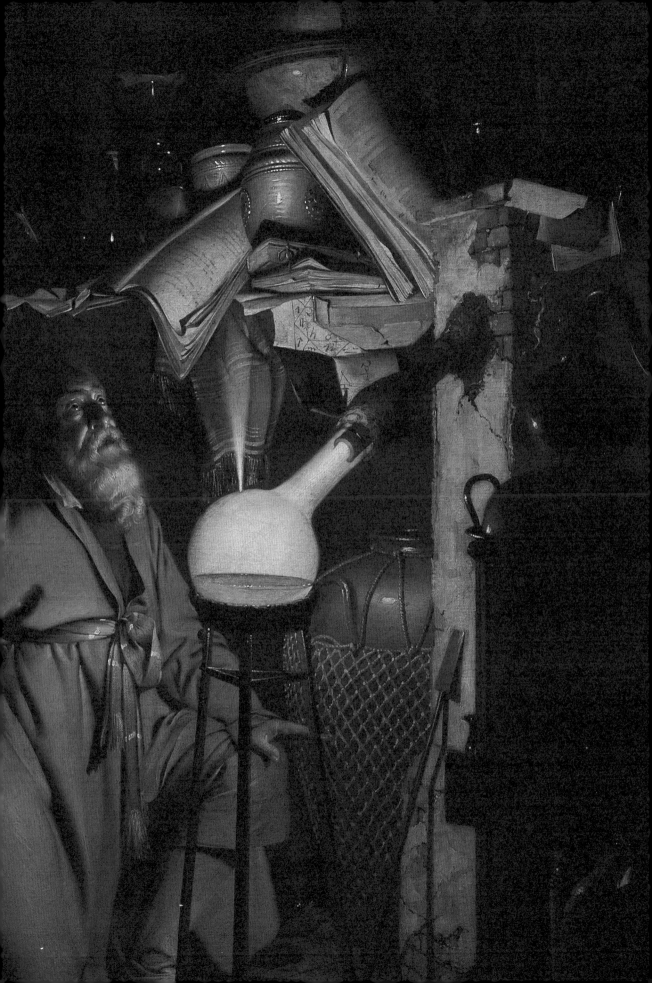

图片所属